AQUARIUS

AQUARIUS

AQUARIUS

AQUARIUS

Vision

一些人物，
一些視野，
一些觀點，
與一個全新的遠景！

成功要變態

為什麼90%
創業會失敗？

創業創新學權威
李文龍

目錄

《成功要變態——為什麼90%創業會失敗？》

【前言】要變態，不然就失敗 013

一 破壞性思考，啟動創新革命

01 Know-How為了競爭 vs. Know-Why為了超越 020
02 成功者是模範生 vs. 成功者是不怕失敗的異類 038
03 失敗是成功之母 vs. 成功是失敗之母 046
04 專業與內行 vs. 外行人打敗內行人 052
05 誰說產品好就能勝出 vs. 只有創造消費者價值才能勝出 060
06 產品特性需求 vs. 消費者夢想需求 070

▸contents

二 創新成功方程式，跟競爭理論說再見

07 實體行銷 vs. 故事行銷 090

08 消費是理性的衡量 vs. 消費是不理性的衝動 109

09 創業前先市場調查 vs. 用心洞悉消費者需求 116

10 致力於增加市場佔有率 vs. 跳脫市場佔有率的框架 124

11 比競爭者更好 vs. 與競爭者不同 133

12 市場區隔 vs. 創造新類別 142

三 異類思考，激發創意的火花

13 垂直思考法 vs. 水平思考法的產品創新 150

14 堅持原創 vs. 點子都是偷來的 163

15 創意是點子發想 vs. 創新是熱情+行動力 173
16 專注於原有產業 vs. 跨足到新的產業 181
17 聚焦台灣 vs. 要有世界觀的心態和視野 190
18 創新商品 vs. 創新的商業模式 198

四 成就第一，創造核心競爭力

19 實體世界可能有唯二 vs. 消費者需要唯一 206
20 一致看好的 vs. 大家所忽略的 218
21 競爭對手是敵人 vs. 競爭對手是你的老師 232
22 滿足顧客需求 vs. 建立差異化核心競爭力 237
23 讓大量廣告說話 vs. 讓產品自己說話 248
24 M型社會的消費迷思 vs. W型消費形成 254

五 創造品牌的內部創新精神

25 品牌是給消費者的 vs. 品牌是給內部員工的 260
26 目標管理 vs. 信仰管理 267
27 福利與薪資 vs. 願景與分享 275
28 傳統領導 vs. 創新領導 281

【前言】

要變態，不然就失敗

創業成功的規則已經改變了，一些被引用了半個世紀公認是最佳管理鐵則和創業成功鐵律，已經不適用在創新的創業時代了；比競爭者更好，奪取市場佔有率，加強廣告與促銷，市場與消費者意向調查，市場區隔，尋找新興市場，強化通路，降低生產成本，提高產品品質，簡化作業流程，組織再造，激勵員工增加生產效率，增加員工薪資等等，這些曾是MBA畢業生常用的管理與行銷武器，卻被新時代的創業天才或神經病們全盤推翻，而且他們正以全然不同的「異類的變態思維」創造全新的創業遊戲規則，把傳統的「正常的管理思維者」一一擊敗。

過去的創業成功經驗不可再取用於未來，新的創業遊戲顯然有新的戲法；創業不僅是內行人的天下，更是外行人展現天才的大好機會；了解消費者不僅要用理智，更要用感覺去觀察；新產品的突破不能只從消費者調查中得知，要用想像力去創造；執著於市場佔有率，只是為了競爭，破壞性創新脫離競爭，才能全然超越；比競爭者更好，已不是什麼競爭利器，和競爭者不同才是贏的王道；一味的壓縮成本不僅不是可稱讚的策略，反而是企業獲利與創新的毒藥；管理不僅要用數字，更需要用心智；效率與效益已是管理舊招，限界突破才能開創新局；領導不是靠權威，而是要注入文化和願景；老二跟進策略不再具有保護傘，第一名才是生存的唯一；不能只聚焦在產品的品質與功能的改進，產品的差異化更需要品牌的文化來支撐；一個全然創新的創業智慧正徹底改變創業成功知識的新配方。

博客來有三萬四千三百九十三筆談品質方面的書籍，代表什麼意義？

當博客來網路書店有三萬四千三百九十三筆談品質方面的中文書籍，有兩萬三千四百五十四筆談生產管理及效益效率方面的中文書籍，這代表了追求品質與生產效益已成了企業界與創業家的共識與普遍的學問，也就是說，追求品質與效益和效率，已不具獨特的競爭力。當追求服務better，品質better，控制成本better，生產效率及效益better，廣告與促銷better等等，已成為創業家的共識時，你如何在激烈的競爭環境中勝出呢？當然你需要以革命性的新思維來詮釋獨特競爭力的新定義。這是一個跳躍式競爭的時代，唯有非線性式的創新、水平式的思維，才有辦法擺脫競爭，超越競爭對手。

創業的失敗率愈來愈高

新創事業或新開發商品失敗率高達七十％以上，也有人提出創業失敗率高達九十％的論點，即使經過審慎的評估測試，仍然有三分之一的新計畫失敗，大量金額投入研發的高科技軟體，也僅有二十％具有商業價值，即使在新商品上市前有完善的規劃，成功率也只達七十五%。尤其是台灣中小企業的經營，有一成以上（十‧二二%）根本無法撐過一年；台灣的創業環境不僅是競爭者愈來愈多，同質性競爭對手的「割喉式戰爭」已讓大家無利可圖；不斷追求效率與效益的附加式管理方法，並無助於事業的成長，反而讓成本不斷攀升、利潤不斷下降；台灣人擅長的模仿和跟進，在消費資訊快速傳播的時代，早已沒有老二生存的空間，因為消費者很容易知道誰是第一，也只會選擇第一；服務的新時代，服務的差異化不僅是在服務的細枝末節上，也在附加價值上的定位差異；除了location、location，還是location的開店成功第一鐵律，在好事傳千里、壞事也傳千里的網路時代，這個論點已招致實證的挑戰；假如你還是持有和九十%的創業家一樣的「正常」思維，很遺憾的，那麼你也將有九十%的失敗命運。

突破台灣經濟困境，從破除創業迷思開始

曾經創造經濟奇蹟的台灣，近年來卻委靡不振，失業率居高不下，整體產業幾乎

完全空洞化，外移產業也面臨舊模式崩盤的危機，兩兆雙星慘賠破局，電子產業變成電子慘業。即使近年來的新興服務業也走不進世界舞台，高唱品牌計畫多年的台灣，仍然有一段漫長的路要走。過去台灣企業家創業成功的公式，似乎已經失靈了，有必要重新改寫創新成功的運算方程式。

新興創業家的思維轉型升級

當然，神經病的天才們，如微軟的比爾．蓋茲、蘋果的賈伯斯、亞馬遜書店的創辦人貝佐斯、星巴克創辦人霍華德．舒茲、臉書創辦人馬克．祖克柏等等，都是創新創業的新典範，其創新的精神值得我們努力學習與超越。但是對台灣八十%的中小企業創業家來說，如何運用和發揮其創新精神，以便符合更貼切的需求，並且以更多中小型創業創新成功個案以及智慧來激發我們的創業創新潛能，乃是這本書最主要的目的。此書是筆者多年來對台灣與大陸中小企業的實際經營與輔導經驗的反思，以及多年來對創新、創意、創業觀念的研究心得再整理，並加諸許許多多本土與大陸的微型與中小型企業創新創業的成功個案，因此更能貼切的符合本土新興創業家的需求。本人抱持著一個理念與理想：只有新興創業家的觀念能轉型升級，台灣的企業才有機會轉型升級，也才能突破台灣經濟的新困境，迎向創新創業新時代。

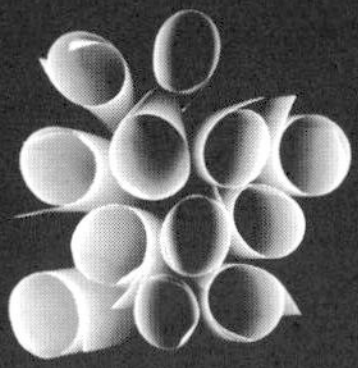

一

破壞性思考，
啟動創新革命

01

Know-How 為了競爭 out in Know-Why 為了超越

每個創新創業家不僅要有創意，還要能把創意的熱情化為具體的行動方案。

啟動超越思維

「台灣的苦日子終於來了，企業經營終於嚐到不創新超越的苦果了。」幾十年來，我們不斷在學習和模仿先進國家及企業的Know-How，也讓我們台灣找到經濟發展的成功模式——「代工」，這種模式曾經讓台灣成為亞洲四小龍之首，經濟成長率更有二位數的成長奇蹟，但是時過境遷，一九八〇年後，這種成本導向與低價的成功模式失靈了，企業外移大陸，成為這種成功模式的續命湯。台商創業家似乎找到另一個歡樂天堂，也曾經被大陸官方與民間捧得有如天之驕子。但二十年過後，大陸低成本的條件喪失了，四處遷移流浪的吉普賽式台商落寞了，又得重新遷移尋找新的奶與蜜之地。

「台灣人很聰明，但缺乏智慧。」我們很熟稔於製造，壓低成本，簡化流程，創造效率，更會模仿學習，但這種成功已是過去式了，並且讓我們輸得很慘，經濟成長率節節下降，失業率屢屢攀升，二〇一二年底，整體失業率超過四．二%，高居亞洲四小龍之冠，年輕人失業高達十二．二二%，高過美國的十一．八%。

「我們懂得競爭，卻不懂得超越。」台灣的經濟榮景所依賴的，是不斷的大量吸取先進國家與企業的Know-How，這包括管理的Know-How、製造的Know-How、技術上的Know-How等等，但是Know-How只能模仿，學習，跟進，只能競爭，卻不能超越；Know-How最多只能當老二，當跟班，永遠無法超越成為老大，成為第一。

我們為什麼不敢超越？

「只有挑戰在位者才能超越。」但我們永遠不敢夢想超越美國、超越日本、超越德國、超越韓國，不敢夢想超越通用汽車、超越豐田，不敢夢想超過寶僑家品、超越LV，不敢夢想超越蘋果、超越微軟、超越谷歌、超越臉書、超越LINE，不敢夢想超越麥當勞與肯德基……這些龐然的世界級企業大老；我們雖然有學習與進步的志氣，但就是沒有創新超越的夢想與勇氣。

中華民族是個非常「me too」的民族，學校教育、家庭教育一直都灌輸著我們「今不如昔」的思維，古聖先賢堯舜孔孟永遠比我們有智慧，他們的話永遠都是對的，因此「人心不古」，我們永遠要學習「先人」，永遠不能超越。目前經營管理方面的新聖人，就是那些世界級企業的教父，如賈伯斯、比爾．蓋茲、霍華德．舒茲、馬克．祖克柏等等，他們是我們創業家心中新的神，我們也不敢妄想去挑戰與超越。我們也是一個非常「Know-How」的民族，長久以來，我們都一直迷信於學習成功捷徑的Know-How；整個台灣從公務員、企業家、創業家到學生等等，都在一個Know-

How式的學習環境中；所謂的「學習」就是要熟記Know-How，遵守Know-How；但卻很少教我們要如何懷疑及探源式的Know-Why破壞性思考。

我們對「新」的定義，就是引進新知識或新產品、新技術的模仿——Copy Know-How式的「創新」，但絕對不是自生式或自覺式的「原創新」，也不是超越與取代現在的第一。

「如果不破繭而出就無法展翅高飛。」不能再跟進模仿，唯有「創新」才能突破過去，超越現在，迎向未來；而且不只要學習別人的Know-How，更要有Know-Why的創新學習態度，才能真正追根究柢找出原委，真正的解決問題，掌握到消費者的內在需求，在激烈競爭中創造差異，同時勝出，以未來為導向創造長期「贏的策略」，徹底翻轉，創新成為「第一」。

突破舊規則，創造新連結

所謂的「Know-Why」，就是要有顛覆傳統邏輯的思考，要有懷疑的態度，要有突破舊規則的冒險精神，向權威說NO的勇氣，並且有迎向未來的信心和規劃。因為缺乏「破壞性創新」，所以我們只會學習他人的知識，還把國外企業的典範當作聖經，以為「引進」「學習」就是創新，卻無法創造自己的新知識。正因為缺乏「挑戰與超越」的企圖，所以我們只能承襲過去的成功經驗，卻無法創造因應未來的新知識；因為沒有挑戰真理的勇氣，所以我們只能知道Know-How，而無法探究Know-Why；因為沒有創新超越的長期願景，所以我們的創業家只知追求短期的利益和炒短線；因為缺乏創新力的策略性規劃，所以我們到現在仍沒有幾個國際性的品牌。

現在成功創業者，都是超越傳統Know-How思維和推翻現有遊戲規則的「瘋子」，他們的腦子裡經常思維著Why? Why Yes? Why Not?

所謂的「Why」，就是具有對既有成功公式懷疑的態度，有推翻既有遊戲規則的勇氣，有突破思維框架的衝勁。幾乎每個創新創業家都有這樣的特質，他們天生反骨，或被稱作叛逆小子。至於「Why Yes?」則是探本溯源的精神，不是人云亦云，而是必須要懷疑成功者或偶像所說的話，對於權威聖言要有懷疑的勇氣。而「Why Not」是創新的勇氣與創新的行動力，每個創新創業家不僅要有創意，還要能把創意的熱情化為具體的行動方案。

挑戰讓人做出創新

一個產業的經營方法與心智可能會趨於一致，做事的一致方法則成為「行規」，行內人說的同樣的話是「行話」，大家想的都一樣，所吸收的資訊和知識也都差不多，如果你和大眾所言所思有所不同，不是視你為「外行」，就是把你當作「叛逆者」或「異類」。但這些挑戰行業既有的Know-How者，也經常挑戰人人視為理所當然的信條，但是那些電光石火的靈感，可能提振、創新舊產業的新機會。

賈伯斯終其一生，都像嬉皮一樣質疑現有的制度，從婚姻制度、信仰到飲食，他的人生就是和現有系統挑戰的過程。

一九六八年以前，跳高運動員仍用剪刀式與俯臥式，但是迪克・福斯貝利（Dick Fosbury）用背越式得了奧運金牌；往後這種跳高方式就被稱作「福斯貝利式跳高」。他的想法出自於：跳水運動員可以在空中打滾，為什麼（Why Not?）跳高不可以呢？

美國西南航空在載客量上是世界第三大航空公司，在許多航空公司接連虧損的狀況下，它還是年年獲利。西南航空公司自始就把自己定位為「票價最便宜的航空公司」，因此，在許多航空公司為搶奪旅客而希望給客人「最滿意」的旅程，只得不斷增加附加服務時，西南航空卻反其道而行；為什麼競爭一定得不斷增加附加服務呢？（Why?）為什麼服務不能減少呢？（Why Yes?）為什麼不能減少服務，爾後把這些減少的成本反映在便宜的票價上，再回饋給旅客呢？（Why Not?）因此，西南航空公司可以說是個非常「摳門」的航空公司，它沒有什麼服務，甚至在機上也並未提供餐點與飲料，只給旅客一包花生米，雖然也經常被消費者罵，但目的只有一個：就是要減少任何的附加服務與附加成本，以便給旅客一張「最便宜的機票」。

Lulu是幫忙近一百萬名自費出版的作者出版自己書籍的公司（self-publishing），

Lulu協助許多想要把自己的著作出書、但又不想透過出版社的作家編輯、印刷、申請ISBN，並且發行銷售。它讓每個人都可以完成著作與出版的夢想，並且透過「因應訂單而印刷」（print by order）的系統，即使只是一本的訂單，也可以及時出版印刷；它顛覆了傳統出版公司的商業模式，由出版社主導編輯出版通常都要有一定的基本印刷量，譬如三千本或五千本；然後透過中間經銷商再到零售書局，大部分的利潤都被通路分配掉了；而新的模式，作者卻可以得到大部分的利潤。

《魔球》跌破專家的眼鏡

《魔球》（*Moneyball*）這部真實故事改編而成的電影，述說一個窮酸又沒有一流球員的奧克蘭運動家隊，如何在美國以「大錢」購買一流球員的球隊勝利方程式中，以創新的遊戲方法，在三十支球隊的大聯盟季賽中排名第二，打破了大聯盟二十連勝的紀錄，並且跌破許多棒球行家的眼鏡。由布萊德．彼特飾演的故事主角，是奧克蘭運動家隊的總經理比利．比恩（Billy Beane），他和哈佛大學經濟系畢業的保羅．迪波德斯塔（Paul DePodesta），打破了傳統球探的個人判斷，以及高薪挖角明星球員的勝利方程式，尤其是被稱為「邪惡帝國」的洋基隊，總是以「大錢」來挖角明星球員，組成夢幻的球隊。

比利和保羅以科學的方法和數據來評斷與選取球員，不僅打破以打擊率來評斷一個打者的舊有方式，而是以上壘率作為評斷一個球員的好壞。即使他的打擊率不好，但是很會選球，可以被保送，一樣是好的打者，球員一旦有機會上壘，那麼球隊就有機會得分，然而一些不慎受傷的好球員，即使他的打擊率不高，卻很會選球，一樣會被他們看中。另外，評斷一個投手也不是以三振率為標準，而是觀察能夠解決打者的能力，如能讓打者打出更多的滾飛球，一樣可以解決打者，這也表示這個投手愈不容易被打出全壘打。因此，他們以不同的思維選擇球員，甚至把一些球隊認為不好或不要的球員加以運用，反而讓他們打出好的成績來。

打破舊規則，創造成功新模式

那些幾十年、甚至是百年歷史的悠久行業，其產品、行規、商業模式、販賣方式、販賣對象、生產方法，應該是最需要也最有可能以Know-Why創新方式改變或轉型的創業標的。

冬天不適合吃冰吧？這是我在路經台北市東區忠孝東路上Ice Monster店門前，看到身穿大衣排隊吃冰的年輕人的第一個念頭。雖然寒流來襲，在只有攝氏十幾度的冬天，Ice Monster冰店內仍是高朋滿座。冬天賣冰，那一定是跌破行家的眼鏡，但是Ice Monster卻突破傳統的思維，把冰店裝潢得像是潮店來經營，把冰品當作時尚品來販賣，看起來漂亮又好吃的芒果冰、棉花甜、雪酪，讓年輕人不怕寒冬的來追求吃冰的「時尚」感。

為什麼要吃日本料理？不僅價格昂貴，東西還只有一點點，吃都吃不飽。這是許多人對於傳統日本料理店的「負面印象」，傳統日本料理的經營總是講求精緻與服務，要有日式典雅的裝潢，細緻周到的服務，好手藝的料理師傅，因此投資成本與經營成本總是相對較高。

在台北天母士東市場裡面的阿吉師日本料理，店內只有一個攤位大小，每天都有大排長龍等著品嘗阿吉師生魚片與壽司的客人，還有一大部分人是慕名而來的日本、香港遊客，客人圍在只有三、四坪大的攤位邊，站著享用阿吉師現做的生魚片與壽司，雖然每個客人單價消費至少要一千至一千五百元，但是每個客人卻可以吃到有別於在一般日本料理店吃不到且物超所值的日本料理，雖然這間小店沒有雅致的裝潢，沒有座位，沒有服務員招呼與好的招待，沒有播放日本音樂，沒有供應酒水，每個人最多只有三十至四十分左右的食用時間；這些經營與服務方式完全顛覆了傳統日本料理店的經營常態，可是正因為它沒有提供傳統日本料理店的「額外服務」，因此把這些減少的成本附加在食材上，讓消費者花同樣的費用，卻可以享受到兩倍、三倍甚至是數倍價值的食物。這也是使用「Why? Why Yes? Why Not?」的顛覆傳統的思考法。

逆向思考激發人們

荷蘭的首都阿姆斯特丹有一家漢斯布林克經濟酒店（Hans Brinker Budget Hotel），其標榜是「全世界最爛的旅館」，但卻反而成了宣傳重點；如此怪誕的旅館一晚要價約新台幣九百至兩千元左右，卻吸引不少年輕人與背包客上門。這家旅館共有一百二十七間客房、五百一十一個床位，房內沒有電視機，地毯上殘破不堪還散布著菸蒂，床位是雙層鐵床，提供給住客簡易的櫥櫃，住房期間沒有人收拾床鋪，浴室裝修簡陋，燈光昏暗，洗手台不大，沒有熱水，只有一個蓮蓬頭；另外，號稱「豪華大使套房」的房間卻僅擁有全酒店唯一的浴缸。

即使設施條件這麼差，旅客卻無法投訴，因為早在預訂時，業者就已將實情全盤告知，甚至在網站上宣傳服務和設施有多爛，廣告語包括「沒法更糟了，但我們將盡力」、「想提高免疫力就入住漢斯布林克酒店」。打開酒店網站首頁，其簡介如下：「漢斯布林克經濟酒店四十年來，一直以讓旅客大失所望而自豪。酒店為其舒適度可與低度設防監獄相媲美而無比驕傲……」更誇張的是，酒店還有一條免責聲明：「入住期間如不幸發生食物中毒、精神崩潰、罹患絕症、肢體殘缺、輻射中毒、感染與十八世紀瘟疫相關的某種疾病，本酒店概不負責。」明明就是這麼爛的旅館，但卻能在全世界爆紅；這就是逆向的思考方法。

用三個「為什麼？」啟動原創力

歷史悠久的鳳梨酥，為什麼（Why?）不能有所改變呢？鳳梨酥裡面包的是什麼餡呢？為什麼明明稱之為鳳梨酥，包的卻是冬瓜餡呢？為什麼（Why Yes?）不可以就包真正的鳳梨餡呢？為什麼（Why Not?）除了鳳梨餡之外，不可以改包其他的餡呢？位於南投八卦山的微熱山丘，以新鮮土鳳梨內餡替代業界長期使用的冬瓜餡料，並且不加任何調味料。雖然位處偏遠山間，但是每天慕名前來工廠參觀的遊客卻絡繹不絕，且大排長龍，經營者也很大方的提供給每一位參觀者一塊真材實料的免費鳳梨酥。目前微熱山丘不僅成為網路上的搶手商品，過年期間還限量發售每天只賣七萬個。

麵包一定要用麥粉做嗎？可不可以（Why Not?）用米穀粉代替麥粉來做麵包呢？台南就有一位做麵包超過五十年的老師傅吳文宜，用純米穀粉來製作百分百非麥粉做成的米麵包，坊間的米麵包用百分之三十的米穀粉、再加上百分之七十的麥粉做米麵包。吳師傅則研發出利用米穀粉加上玉米粉以及蓮藕粉，做成口感Q軟又有米香味的獨特米麵包。目前在網路上已經是銷售強強滾了。

肉乾可以當零嘴吃嗎？肉乾可不可以改變形狀呢？筷子肉乾，把肉乾做成像筷子一樣的長條形；紙片肉乾，把肉乾做成像紙片一樣薄；製作這兩樣新產品，大大顛覆了傳統肉乾的框框概念，創造了肉乾的新形式與新食用法，當然也創造了新財富。

鰻魚最近缺貨，價錢又高，為什麼不可以（Why Not?）把鰻魚飯的鰻魚用虱目魚來替代呢？營養價值不差，口感也相去不遠，但價錢卻實惠多了。

巧克力的口味難道只能限於椰子口味、松露口味、含酒口味、黑巧克力、白巧克力、乾果口味……嗎？Chocomize的巧克力除了有培根巧克力、烤肉巧克力、牛肉乾巧克力、水果糖巧克力、金箔粉巧克力、香蕉水果巧克力口味等數十種巧克力外，更可以讓消費者依照自己喜愛的口味，在巧克力裡面加上各種水果、乾果、香草、辣味等自創的新滋味。

一顆雞蛋的價錢是固定的，如果沒有特殊性，多一塊錢都不行。為什麼（Why?）

雞蛋不能創造附加價值呢？桂圓生態農場的雞蛋，不僅有不同的顏色，紅的、橄欖綠的、黃的等等，一斤十顆彩色蛋要價兩百一十元，是一般雞蛋價錢的四到五倍，這是因為飼主讓雞隻在自然的環境下長大，並且在飼料中添加鳳梨酵素、益生菌、靈芝多醣體、藻類、辣椒、類胡蘿蔔素、深海蝦殼等等各種天然健康食品，讓雞的身體健康、增加抵抗力，並且增加蛋的香度和Q度。除了讓消費者吃到營養的蛋，更讓雞蛋變成一種「時尚」。

創新行業無所不在

在產業紛紛外移，許多大廠商因不景氣而裁員的歹時機，卻有一門行業依然「卯死啊」，那就是台灣的殯葬業。根據內政部統計資料顯示，我國近年來的死亡率約為千分之六，每年死亡人數約十二萬至十四萬人，平均每名往生者的喪葬費用為三十六．七萬元，市場一年的大餅將近五百億元。估計到二〇三六年時，每年死亡人數將由現在的十三萬，增加到二十七萬，將近一倍之多，也就是說，殯葬市場商機將超過一千億元，市場的潛力相當吸引人。

日本電影《送行者》在台灣播映後，許多人對這行業開始有了不同的觀感，而殯葬業龍頭「龍巖人本」，在《送行者》電影熱播時徵才，需求十五至二十人，居然有多達上千人報名，想搶下這年薪高達十八個月的金飯碗。目前禮儀師、SPA業芳療師與形象管理顧問師，已被稱為「新三師」，有別於醫師、律師與會計師的「舊三師」。

中國大陸最近新興的一種行業叫「月嫂」，也就是指坐月子保母的工作。這些月嫂平均的月薪為人民幣五千至八千元，在上海和北京等地，最貴的月嫂為人民幣一萬五千元，折合新台幣約七萬元。所謂「月嫂」，其實做的就是集保母、護士、廚師、幼教師工作於一身的家政人員。由於中國大陸實施「一胎化」政策，自然對於出生的獨子獨女特別寵愛有加，再加上現在產婦多為「八〇後」小夫妻，對嬰兒護理的常識十分匱乏，於是月嫂公司透過專業培訓，並且重新塑造行業新形象，成為創新的新行業。

舊行業創新再出發

一九七九年創建於加拿大、目前總部位於美國密西根的MOLLY MAID，是世界上最大的清潔公司之一，擁有四百家加盟店。曾經被《企業家》（*Entrepreneur*）雜誌評比為美國五百大加盟系統之一，加盟店擴張至美國、加拿大、英國、日本與葡萄牙等地，每年替兩百萬的家庭做清潔工作。二十四小時內不滿意將重新打掃，是它們專業清潔服務的賣點。這個成功創業的案例，旨在說明不管什麼行業，都能落實企業化與專業化的經營，一個清潔的服務業也可以成為世界性的品牌。

同樣的，還有一些傳統行業如理髮業、搬家公司、保全業、宅修業、按摩業、廢棄物回收業、媒婆業、房屋仲介業等等，都是透過專業化以及市場區隔化，將舊行業重新定位，重新轉型成企業化經營，甚至成為國際化的企業經營。為什麼（Why?）傳統行業就是夕陽產業，傳統產品就是沒落的商品？傳統行業不能（Why Not?）轉型發展嗎？傳統產品不能賦予創新的生命嗎？傳統行業與商品不能有高利潤嗎？傳統行業不能企業化經營嗎？

許多新創業家就是從大家都忽視、甚至是看不起的行業與產品裡翻身的，他們從「Why? Why Yes?」的疑問開始，用「Why Not?」的顛覆行動，對傳統行業做出創新的革命。新興的創新創業家們，忘掉新產品與行業生命週期的概念，試圖將那些被大眾認為是夕陽行業與產品，用「Why? Why Yes? Why Not?」的思維，將它創新改變成新興的創新行業；你的創業成功機會，就從這裡開始。

02

成功者是模範生

out

in

成功者是不怕失敗的異類

許多理所當然的事，就是限制我們突破的藩籬；創新創業時代的成功者，常常不是傳統科班教育出身的人……

終結失敗的元凶

「本來就是如此」是終結進步的元凶。只要努力用功好好念書，將來就會比別人有成就；只要產品好，價錢比競爭對手便宜，產品就會暢銷；開店成功之首要，除了location、location，還是location。做好市場調查，了解消費者需求，是創業成功的必要條件，因為消費者會理性地去購買對自己有好處的產品。創造品牌建立知名度，就是要創造產品的附加價值，創造高價格；競爭者是你的敵人，不是要除掉它，就是要壓制它；經營管理一切都要靠數字，一律講求效率與效益；這些看來都是「本來就是如此」、毋庸置疑的硬道理，其實就是創新突破的最大障礙。

大家都這麼說，大家都這麼想，大家都這麼做，結果大家都陷落在思維的框框、競爭的「紅海」裡，無法突出，更無法突破。

不講理才會成功

諾貝爾文學獎得主蕭伯納說：「講理的人順應這個世界，不講理的人堅持世界要順應他。但，所有的進步都靠不講理的人。」

這是我們一般人經常會有的謬誤推論：

A. 如果你的想法那麼好，為什麼都沒有人想到呢？

B. 世界上比你聰明的人太多了，為什麼他們沒有做呢？

C. 所以你的想法一定有問題？

發現美洲新大陸的哥倫布，曾被西班牙皇家委員會拒絕他所提議往西航行的計畫，其理由是：「創世紀以來建立了那麼好的國家，因此不可能有人再找到任何更有價值的未來土地！」

許多理所當然的事，就是限制我們突破的藩籬；創新創業時代的成功者，常常不是傳統科班教育出身的人；好產品，不見得賣得出去，暢銷的商品，也不見得是「好」的產品；**只要有特色有獨特性，創造口碑與新聞，即使在偏僻的location開店，也照樣可以生意興隆。**了解消費者需求的市場調查，只能夠對商品做微調式或線性式的創新，但無法激發破壞性或突破性的創新。消費者不完全是理性的，而且大部分的購物行為是感性的；創造品牌，不見得一定要走高價、高毛利的路線，高價值品牌走平價路線有何不可；競爭對手不僅不是你的敵人，反倒可能是你的老師，也可能成為你的合作夥伴；太執著於數字管理的效益與效率，反而讓思維陷入框框內，更可能是創新的阻力。

「要練功，必先自宮。」要進步就要先突破過去的自己，一定要把杯子裡的水先倒掉，才可以重裝新鮮的水。創新者，不正是要如此嗎？要不斷的拋棄過去的舊包袱，自我否定，重新定義自己。

失敗是成功的調味品

創新的世界裡，永遠有人在重寫成功的方程式；創新的世界裡，也不乏向過去與現在挑戰的反叛份子；創新的世界裡，也經常有那些不怕失敗的冒險家。

「如果你不是常常失敗，表示你做的事沒什麼新意。」名導演伍迪．艾倫這麼說。有了新想法，還要勇敢地去嘗試，即使失敗了，但創新者經常是擁抱失敗者。

愛迪生在發明電燈的過程中，經歷過無數次的失敗。有人說他一共經歷了一千兩百次的失敗。於是有個記者提出了這樣的問題：「請問您是如何看待那一千兩百次的失敗？」愛迪生回答說：「不是我失敗了一千兩百次，而是我成功地發現了一千兩百種不能做燈泡的方法。」

被許多蘋果迷視為是「神」與「蘋果教主」的賈伯斯，雖然他一生成功地締造了多項商品奇蹟，但是也有許多失敗的經驗。國外媒體整理了賈伯斯一生中可被稱為「失敗」的七項作品：一，蘋果三號電腦（Apple III），一九八一年推出；二，莉莎電腦（Lisa），一九八三年推出；三，NeXT Computer，一九八九年問世；四，Puck Mouse，一九九八年上市；五，Power Mac G4 Cube，二〇〇〇年上市；六，iTunes phone（ROKR），二〇〇五年上市；七，Apple TV，二〇〇七年上市。

比爾・蓋茲是個人電腦產業的巨擘，但是蓋茲在微軟時也頻有失誤，曾推出多款失敗的產品或技術，下面十項最為人所知：一，微軟BOB；二，Windows ME；三，平板電腦；四，SPOT手錶；五，微軟Money；六，DOS4.0；七，微軟電視；八，MSNBC合作夥伴關係；九，即時網路會議軟體；十，未能推出微軟Linux。

二〇〇一年，台灣網路教父詹宏志結束僅創辦了三百七十天的網路電子報——明日報，這一敗讓他慘賠了三億，但這次失敗卻成為他日後成功的營養素，他轉而專心經營PChome網站和電子商務，十年間，PChome打造出台灣電子商務架構，集團營收超過百億。

PPAPER雜誌與包氏設計公司創辦人包益民對大富翁的傳記做過研究，發現每一個大富翁都有破產過，但是大富翁都會從破產中再爬起來。

鴻海集團總裁郭台銘說過：「一定要記住，你沒有失敗，你就不可能有成功，而且你沒有連續性失敗或重大的打擊，這個成功，絕對不是一個堅實的成功。」

失敗是成功的調味品。許多的成功者都經歷過許多的失敗，只是這個社會一直以來對「成功者」歌功頌德與錦上添花，甚至畫蛇添足；但是對失敗者缺乏鼓勵與支持，而且經常落井下石；因此大家都只會展現成功，隱藏失敗。因為只許「成功」，不能「失敗」與「冒險」，於是永遠踏不出去也永遠不能「成功」。

沒有人天生是成功者，也沒有永遠成功的不變教條；今日的成功方程式，可能是未來失敗的毒藥。

在這文明的社會，大部分人的思維方法與行為模式都被家庭教育、學校教育、社會教育同質化了。在這文明的牢籠裡，大家每天接受同樣的訊息，同樣的價值觀，同樣的規範；但成功者並不是被規範的模範生，而且常常突破既定的思維框框，成為不怕失敗的異類。但是我們卻是一個只許成功、不許失敗的社會和文化。在一家企業裡，失敗經常是不被允許、不被接受的，這從公司的升遷方式就可以得知。在公司裡的升遷與生涯上，大多數人都不喜歡太大的波動，而且那些人大都不是公司裡的活躍份子。一些所謂的組織與管理上的麻煩製造者（trouble maker），則經常無法升遷到企業裡的高層。

以創新作為發展目標

冒險與嘗試新事物總是吃力不討好。因此在一個組織裡，創新者很容易受傷，也很容易被埋沒。

所以創新的最大工程，就是要創造容許冒險、容許失敗的文化，不以目前的成功為滿足，要以長期的成功發展為目標。那些不敢冒險、處處保護自己、眼光短淺並且容易自我滿足的創業企業家，大都無法接受創新潮流的挑戰，成為最後的失敗者。但是審視台灣的企業家，卻通常缺乏這種精神，總是短視近利，以短期業績與利潤自喜；不敢大膽投資攸關未來發展的創新研發；英雄式與權威式的管理扼殺了創新者的才華；不容許冒險家、只允許保守的乖乖牌出頭；只會在成本與精簡人事上下工夫，卻不敢在大策略上突破；只在熟悉的領域和地盤裡打轉，不敢放眼天下；只揀最簡單的代工工作做，不敢冒險往更高難度的品牌之路前進；只會複製卻不懂創新突破。

這一切都是「心態」使然，因此唯有台灣創業家的心態與思維能轉變，台灣的企業才有辦法轉變，否則台灣的經濟與企業將不斷的沉淪。

03

失敗是成功之母 out

in 成功是失敗之母

昨日的成功，可能成為今日的失敗，今日的美麗，也可能成為明日的黃花；今日的蘋果、三星、微軟、富士康，都可能成為黃花落葉的索尼、夏普、摩托羅拉、惠普與通用汽車。

成功一日就可以捨棄

「成功中潛伏著失敗的芽。」日本財富排名第一的品牌UNIQLO社長柳井正認為：「成功一日就可以捨棄。」因為成功之中暗藏著失敗的因子。大部分的人有了小成功之後，就會驕傲於自己的成就，執著於過去的成功方程式，並企圖將過去的成功經驗複製到未來，但是創新的時代裡，任何變化都很快速，今日的王者很快的將會被市場的新手所推翻，今日的成功模式很快將成為失敗的種子。成功的創業家老闆，反而是企業創新進步最大的障礙，創業初期的老臣是抹殺創新創意的最大殺手。

綜觀世界歷史，沒有一個不滅亡的王朝，沒有一個不衰敗的企業，沒有一個常勝的軍隊，沒有一個永遠的成功方程式。秦朝統一中國，依憑的是其法治的基石，但是統一之後帝國的快速崩解，也是因為法治的嚴苛讓人心背離；唐朝開疆拓土，是靠外族藩鎮來據守，唐朝的衰亂也起因於藩鎮之亂；宋朝以軍事政變起家，為了防止軍人篡權，輕武重文，結果宋朝成為中國立朝以來武力最弱的一個朝代；明朝為保國祚萬年，朱元璋立下異姓者不能為王的規矩，但是明朝的滅亡就是亡在一代不如一代的昏庸皇帝手上；清朝建國與入主中原，靠的是驍勇善戰的八旗軍，它的衰亡與八旗的腐敗有著莫大的關係。

西元前二一八年，位於北非和西班牙的迦太基王國的大將漢尼拔，他憑著創新的戰略，越過庇里牛斯山和阿爾卑斯山，出其不意地進攻義大利並佔據大部分的土地，但最後的失敗是起因於他的戰法沒再創新，而且戰法已被敵人所模仿，以致戰敗；羅馬大帝國的廣闊封疆，依憑著強大的軍隊，但是其衰亡與軍隊的跋扈和政變息息相關。回溯歷史，清末的太平天國打著為天下謀太平而起義，結果起義成功後，各個天王的豪奢更甚於滿清的貴族與貪官，光是天王洪秀全，據傳就有八十八個后妃，已超過了歷代封建帝王的三宮六院七十二妃嬪的人數了，太平天國為了打破舊封建，結果自己又建立了一個新封建。往日的成功淪為今日的腐敗，創新創業家怎能不以此為鑑呢？

成功暗藏著失敗因子

幾乎成為攝影代名詞的柯達，在一八八八年創立後的一百年間，曾佔據過全球三分之二的攝影產業市場，擁有超過十四．五萬名員工，然而數位時代的轉型失敗，使其市值在十五年間從三百億美元蒸發至一．七五億美元，最終進入「破產時代」。柯達曾經是最有創新力的成功企業之一，但是其失敗也是因為它太過成功而驕傲自大。曾經是日本光榮象徵的創新企業索尼（SONY），竟然於二〇〇二年產生巨大的虧損，經營上的表現更是每下愈況，甚至輸給了後起之秀的韓國三星；跟索尼與柯達一樣的病友，還有像摩托羅拉（Motorola）、通用（GM）、惠普（HP）、戴爾（Dell）、諾基亞（Nokia）等等。

「典範轉移」（Paradigm Shift）是一九六二年由美國社會學家湯馬斯．孔恩（Thomas S. Kuhn）提出的概念，說明科學演進的過程不是演化，而是革命，從昨日的新發明中，不會找到今日新發明的線索，它必然來自全新的創意和思考邏輯。突變者的唯一機會，就是當「典範轉移」正在發生，但目前主宰的物種沒發現，或是來不及適應的時候。iPod搭著音樂數位化的「典範轉移」，打敗了索尼的隨身聽；iPhone則搭著多點觸碰與行動上網的「典範轉移」，打敗了諾基亞與黑莓機；臉書搭著真實人際和社群遊戲的「典範轉移」，打敗了Myspace；而WhatsApp、WeChat與LINE則搭著行動上網普及的「典範轉移」，取代了MSN Messenger的主宰地位。

長江後浪推前浪

美國田納西研究大學（University of Tennessee Research）的研究顯示：一個新創事業第一年就失敗的比例為二十五%，第二年為三十六%，第三年為四十四%，第四年為五十%，第五年為五十五%。七十一%的企業無法存活超過十年。

長江後浪推前浪，前浪死在沙灘上。後繼的新典範者將點燃創新革命的烈火，將舊典範的傲慢者推進那幽暗的死亡之谷。

昨日的成功，可能成為今日的失敗，今日的美麗，也可能成為明日的黃花；今日的蘋果、三星、微軟、富士康，都可能成為黃花落葉的索尼、夏普、摩托羅拉、惠普與通用汽車。

UNIQLO的柳井正有一套三年的理論，就是公司每隔三年一定會遇到成長的瓶頸，用同一套邏輯無法成功，必須改變模式。

創新創業家必須隨時戰戰兢兢的讓自己如身處於創業初期的階段，不斷的提醒自己創業時的初衷，許多創業家一旦公司成功成熟了，創新就變成了改變與改善，破壞型創新變成了漸進式創新，打破了既有的成功模式框框，卻又建立了新的成功模式框框，破壞了舊權威又建立了新權威。當初的創業家為打破資本家的不公平而革命，創業成功者自己又變成一個獨佔利益的不公平的新製造者。

台灣的代工模式，曾經創造了台灣的經濟奇蹟，成為亞洲四小龍之首，但如今，時過境遷，這個成功的模式雖然轉移到大陸，暫時能夠苟延殘喘延長壽命，但是這個典範已經無法再適用了，必須尋找創新的新典範、轉型的新模式；韓國的崛起即是因為找到了創新的新典範，並且徹底轉型，才超越了台灣，而我們台灣卻還在迷戀過往的榮光，仍在摸索中找不到未來創新的典範。

04

專業與內行 out in 外行人打敗內行人

當一個產業的競爭者愈來愈多，業績沒有增加但成本卻愈來愈高時，就表示這個產業已經沒落了，必須進行產業的創新革命。

不創新就是滅亡

「靠刀劍保護自己的人，終將被那些不用刀劍、卻懂得用槍砲的人打敗。」

真正會讓你的企業或產業衰亡的，經常不是你眼前的敵人，新的敵人常會在你背後，出其不意的現身，然後猛打你一棍將你完全打倒。這些新的敵人，經常是外行人，他們提出的新方案，經常會被內行人恥笑甚至被斥為荒謬，但他們卻經常顛覆了舊產業的商業模式，發動了產業革命。

創刊於一九二二年的《讀者文摘》，曾是世界上最暢銷的雜誌之一，而且發展至五十種版本，以二十一種語言印刷，於世界六十多個國家發行，最後卻負債十二億美元，於二〇一三年二月宣告二次破產，《讀者文摘》將沒落歸咎於讀者大量流失轉向電子媒體。

一九三三年即已創刊的另外一個老牌雜誌《新聞週刊》（*Newsweek*），也於二〇一二年停刊。從二〇〇七到二〇一一年，《新聞週刊》的發行量大幅衰退五十一％，從三百一十二萬份下跌至一百五十二萬份，業績節節下滑乃其停刊的主因。報紙和雜誌的產業毀滅者，是網路新聞與網路雜誌。

淘兒音樂城（Tower Records），當年從一家藥房起家，高峰時不僅成為流行文化的標誌之一，並在十七個國家設立了兩百二十九家連鎖分店，是世界上最大的實體唱片公司。然而卻在二〇〇六年第二度申請破產，網際網路似乎也是讓這家音樂零售先驅衰落的主嫌。

新敵人通常都是外行人

攝影軟片市場的最大敵人不是柯達、富士或柯尼卡等圈內業界的人，而是來自於數位相機與手機的非傳統業界的人。

傳統書店最大的敵人不是書店同業，而是外行創業的網路書店。

台灣烘焙業最大的競爭對手則是來自於革命小子：麵包達人、85度C。

台灣飲料業最大的競爭對手不是來自於傳統的競爭對手，而是街頭林立的各種飲料小鋪業。

台灣西餐牛排館的最大挑戰者，是非餐飲業出身的王品集團。

雀巢和麥斯威爾咖啡的最大敵人不是他們雙方，而是來自於星巴克等等新興的咖啡店。

而咖啡連鎖最新的競爭對手，是現在正火紅的Dazzling café Bubble等等的咖啡甜點屋，以及7-ELEVEn的「城市咖啡館」。

玩具業最大的敵人，是線上遊戲。

旅行業最大的敵人，是網路旅行社。

實體商店和百貨業最大的敵人，是網路商店。

量販店最大的勁敵，是遍布大街小巷的便利商店。

產值兩千多億的早餐店的最大勁敵不是同行，卻是便利商店、麥當勞以及肯德基。

外行人經常是荒謬的

外行人經常有不同於內行人的角度和思維，他們甚至被稱為異類和異端，可是他們卻經常有突破性的創舉，甚至推翻了整個產業數十年或數百年的經營模式。

《啟動革命》（*Leading the Revolution*）的作者蓋瑞．哈默爾（Gary Hamel）說：「如果你的目的是要創造偉大的新事業，你最好要有心理準備，可能所有的人都會恥笑你。如果你提出的企劃案讓所有人都點頭說：『哇！很有道理！』很有可能已經有十幾個人正在做同樣的事情。」產業的創新革命者經常是被恥笑的，因為他們常常不按牌理出牌。

產業的革命創新經常比漸進式的創新、改善更具風險性，就好像歷史上的政治和軍事革命一樣，失敗者會被消滅，並且被扣上流寇的帽子。但是一旦成功了，歷史的進展軌道就將重新被改寫。

荷蘭錯覺圖型大師艾薛爾（M.C. Escher）說：「只有願意嘗試荒謬的人，才能夠成就那不可能達成的事。」這世界大多數的人不僅短視而且現實，對成功的人不但錦上添花，而且還事後諸葛般地歌功頌德；對於失敗者則不僅缺乏鼓勵，而且還落井下石。所以創新的創業家經常是個冒險家，他們經常失敗且有很長的一段黑暗期，可是一旦他們成功了，將給產業帶來革命性的變化。這也是創投公司最喜歡投資選擇的標的——產業創新與革命的新創事業。

創新創業家的你，不妨想想目前我們這個經濟社會裡，到底還有哪些產業尚未被革命，還能再以傳統的方法經營或漸進式的改進發展。這些尚在以數十年或數百年的傳統方式或同質的經營模式經營的行業，全都具有創新突破的機會。

在台灣，約有兩萬家的美式三明治早餐店遍布街頭，這是否有創新突破的機會呢？

美式三明治早餐店店家的密度比7-ELEVEn便利商店還高，但是九十%的店家卻提供幾乎同質性的商品，這樣的一個產業已經到了衰退與必須轉型的階段，也是創業家創新創業的大好機會。

創新革命即將觸發

在台灣，比西餐廳密度還高的日本料理店，是否也有創新突破的空間呢？幾乎同質性的菜色、同質性的裝潢、同質性的服務，也是具有創新經營模式的機會。

房屋仲介店家密度已接近六千家，略遜於一萬家的便利商店，也都以同質性的服務在經營，也應該要有突破性的經營方式了。

街頭林立的麵包店，當麵粉、糖以及一些原物料開始漲價時，也是這些傳統麵包店面臨開店危機的時候了；同樣是同質性的產品、同等的價位，每當物價開始飆漲時，成本都由自己吸收，也都不敢漲價，這樣的經營總有一天會面臨倒閉的危機。因此，麵包店的經營早就應該要有創新的革命家出現了。

當一個產業的競爭者愈來愈多，業績沒有增加但成本卻愈來愈高時，就表示這個產業已經沒落了，必須進行產業的創新革命。我們試著想想，還有哪些產業有賴於被創新的創業來一場巨大的革命呢？

寵物店？

漫畫店？

內衣專賣店？

情趣內衣與用品市場？

麵店？

火鍋店？
蛋糕店？
花店？
交友聯誼？
語文教學？
珠寶首飾？
皮鞋店？
便當店？

05

誰說產品好就能勝出

out

in

只有創造消費者價值才能勝出

心靈的消費時代裡，產品「好」是不夠的，「價值」才是重點。

品牌的隱藏性價值

「只要產品好，就能賣得出去。」這個傳統的經營迷思一定得加以破除，即使是好產品，若沒有創造「價值」，一樣會賣不出去。

「消費者需要的不是商品，而是商品的價值。」商品之所以有價錢，是因為商品創造了對特定消費者的「價值」。世界知名品牌的漢堡、炸雞、可樂，對於健康主義者來說是一堆垃圾食物，但是對於現代的年輕人來說，不僅是「美食」，而且還有其他諸如「歡樂」、「時尚」、「年輕」等等的附加價值。

一瓶乾淨水在沙漠有很高的價值，可是在水源豐沛之處就沒有相對的價值，因此產品的價值在於消費這項商品的「飢渴度」和「稀有度」。一瓶法國阿爾卑斯山的礦泉水，在水源充足之處仍然可以賣到好價錢，因為這瓶水還創造了「健康」、「身分」等等品牌的附加價值，和一般的飲用水相比，又多了更多的隱藏性價值。

一瓶名牌女性皮膚保養品在百貨公司的專櫃可能要價兩、三千元，但是到台北市天水路的化工材料店配一個同樣的配方，只要幾十塊錢，內容一樣，效果也一樣，但是對消費者的「價值」卻不一樣，因為知名品牌創造了「美麗」、「身分」、「夢想」的附加價值。一個世界名牌的皮包動輒要價十幾萬元，一個山寨版的A貨，差異性可能只有一%不到，只有行家才能分辨出哪一個是真貨、哪一個是假貨，但是A貨的市場價格卻可能是真貨的一%而已。這都是因為「品牌」創造自我的安慰劑效果

（Placebo Effect）在作祟。

許多品牌的價值在於除了可看見的產品本身品質與設計上的有形價值（Visible Value）之外，還有許多看不見的無形價值（Invisible Value）；這些無形的價值，讓消費者產生了自我安慰劑效果。

品牌的價值：有形與無形

我在一次課堂上，做了一個小實驗：在講桌上擺放三瓶水，一瓶是本地品牌的礦泉水，一瓶是法國進口的礦泉水，一瓶是從飲水機裝來的水，本地品牌礦泉水的售價為十八元，法國品牌的售價為四十五元；詢問十名曾經喝過這兩個品牌的礦泉水的學員，是否可以分辨出這三瓶水的口感？有七名受訪者說可以，其他三名說不可以或不確定。

之後將這三瓶水倒在三個紙杯裡，然後要七名受訪者去喝這三杯的水，並且分辨出哪一杯是哪一個品牌的水或是飲水機的水。結果七名之中有五名，可以分辨得出哪一杯是飲水機的水，但是七名之中只有兩名可以分辨得出哪一杯是本地品牌的水，哪一杯是法國礦泉水。雖然這個實驗的樣本數有限，但是仍能說明品牌在消費者心中自我安慰劑效果的影響力。

訴諸消費者心理需求

美國心理學家馬斯洛（Abraham Harold Maslow）把心理需求層次分為：生理需求、安全需求、愛的需求、自我認定的需求，以及美與自我成就的需求。在這物質充裕甚至是氾濫的時代，消費者除了滿足生理的基本需求之外，更需要高層次的愛與自我成就；創新創業家應該脫離「產品的有形價值」框框，創造「商品的無形價值」，去滿足目前消費者潛藏於內心的心理與心靈需求。

心靈時代來臨了！目前是一個物質充裕的時代，消費者不再因物質缺乏而煩惱，卻承受了物質充裕所帶來的許許多多副作用。資本主義的物質文明掏空了人類的心靈資產，物質文明並沒有使人類更快樂、更幸福；反而帶來了戰爭、暴力、離婚、毒品、精神疾病、貪婪、金融犯罪等等這些物質氾濫的產物。缺乏企業道德的企業家、銀行家，更利用各種行銷包裝與廣告，不斷的挑起人類的慾望與貪婪，但是我們的心靈卻愈來愈空虛。國民平均所得已經達兩萬美元、人口數兩千三百萬的台灣，卻有兩萬間登記有案的教堂和廟壇，平均每一千一百五十人就有一家教堂或寺廟，若包括未登記的，估計至少達到四萬家，也就是說，等同於五、六百人就會有一家教堂或寺廟。

另外，董氏基金會針對不同族群進行「憂鬱情緒的調查」發現，二〇一〇年有十一．八%的民眾、二〇一一年有十八．一%的國、高中職學生，以及二〇一二年有十八．七%的大學生，明顯有憂鬱情緒，需要尋求專業協助。根據世界衛生組織（WHO）在二〇一二年公布的數據推估，憂鬱症的盛行率為五%，以此換算全球將有三億五千萬人罹患憂鬱症；台灣則有近一百一十五萬人罹患憂鬱症。近十年台灣的結婚、離婚對數比是五比二，二〇〇八年跨國比較顯示，台灣離婚率為亞洲最高、全球第四高的國家。

心靈消費時代來臨

「當消費者在現實社會中的挫折愈多，便會利用物質的滿足來填補心理的空虛。」像是把一只皮包當作自我犒賞的獎勵，一件衣服當作心靈撫慰的工具，一支手機當作一種成就感的滿足，一塊麵包當作愛的分享，一罐XO醬當作感人故事的共鳴，一間民宿當作我們逃離文明的避難所，一個營養均衡的便當當作健康與苗條的希望。因此得將產品轉化成心靈的寄託，才能找到消費者真正的需要與感動。

多年來，台灣的創業家都在為國際品牌代工，只知道如何製造「好的產品」，不知道如何創造「品牌」，更不知如何創造產品的「價值」，長久以來一直認為好的產品就是好的商品。但心靈的消費時代裡，產品「好」是不夠的，「價值」才是重點。在滿足消費者物理性需求之外，更要創造消費者的夢想、身分、地位、財富、幸運、自尊、親情、愛情、友情、愛心、同情心、心靈依靠、來生幸福、健康、美麗、解除不安、羅曼蒂克、被愛與愛人、偶爾的浪漫與奢華、放縱自己的自由、趣味、冒險、懷舊等等的心靈價值。

創造附加價值的思維方法，首先就要放棄產品本身功能的思維框框，改而探查消費對象的內在深層需求，確定了消費者的心之所欲，之後再回頭思考產品該如何重新設計、重新包裝、重新塑造品牌以及價值。改頭換面後的商品，可能已經不同於原先產品的形狀、使用方法、使用時機以及市場價格。

「成功者有理，只是我們不清楚。」一些企業的成功或商品的成功，一定有其深層的背景與因素，只是我們常常沒辦法深入了解。

產品附加價值的轉化

一個創意價值行銷的成功經典案例是：在一九七五年，一個美國廣告公司的AE

加里・達爾（Gary Dahl）和朋友在一家酒吧聚會時，偶然聽見他人抱怨自己所豢養的寵物。他當時這麼回應朋友說：「『最完美』的寵物應該是石頭，不需餵食，不需洗浴，不會生病，也不會死的寵物石（pet rock）。」這個突發奇想的點子卻讓他致富了，寵物石就是把建築材料裡的灰石頭，畫上兩顆眼睛，並設計出一個附有透氣孔的寵物箱，箱子裡還墊有稻草，另附一本寵物石養護手冊。這個成本低廉的商品，售價為三・九五美元，後來卻蔚為風潮，賣掉了五十萬份。消費者要的不是海邊石頭的物理性，而是這個創業家為這個石頭創造出「心理寄託」的創新價值。

近年來，上班族的辦公室裡流行種植「香菇盆栽」，這原本只是食用的農作物，但是創新的創業家重新定義香菇的價值，把香菇的太空包種植在辦公室裡，照顧它、看它成長，成為辦公室的「心靈療癒小物」，除了香菇之外，還有補血珍菇、珊瑚菇、白雪菇、猴頭菇、柳松菇、秀珍菇等等可供選擇。

另外如金莎巧克力，原本的產品功能只是美味可口的巧克力，但是經過產品附加價值的轉化，它已經不是單純的巧克力了，在轉化過程中，首先要脫離原本巧克力只是單純的食用與美味功能的思維框框，然後去尋找消費大眾的各種心理需求，最後將消費群的需要設定在年輕男女族群對愛情的渴求上，然後將產品裹上金箔紙，再將數十顆金莎巧克力做得有如花束一般，進而變身成為情人節的禮物。經過這樣的價值轉化後，巧克力不但更有價值，而且也從有形的產品物理功能轉化為更高層次的無形心理需求功能。

品牌所影響的自我價值

台灣掀起了一股「後宮甄嬛傳」的熱潮，電視台至少已重播三次，平均收視率達一．八%，一度超越最紅的節目「康熙來了」，戲劇裡面的一些對話甚至成了上班族的日常用語。表面上看起來它是一齣清宮劇，但它其實反映了現代社會的現況和現代人的內心世界：在現實的世界裡，人們活在絢麗的外表下，卻隨時有著破滅的危機；人們表面上和氣禮貌，卻在暗地裡鉤心鬥角、互相較勁——因為，不是成功就是失敗，成功是建立在別人的失敗上。這部戲成功的地方，在於以清代的故事和背景來述說現代人的心聲，然後與現代人產生心靈的共鳴。

連獲十三年全球最有品牌價值的可口可樂，給予消費者最大的感受是：青春、活力與流行；暢銷全世界超過七十年，販售一百五十個國家，並已售出超過十億盒的芭比娃娃，創造了每個小女孩未來的夢想；亞曼尼（Giorgio Armani）的商品價值在於創造穿著時的「信心」；iPhone給予年輕的前期使用者前端智慧的自我認同；星巴克咖啡不僅提供一杯咖啡，並且給予忙碌的上班族一個休息的第三空間；85度C不僅提供好看好吃的五星級飯店的蛋糕，還創造了奢華平價的享受；蒂芬妮（Tiffany）的鑽石給予情人永恆愛情的承諾；勞力士（Rolex）手錶給予使用者身分的表徵。

06

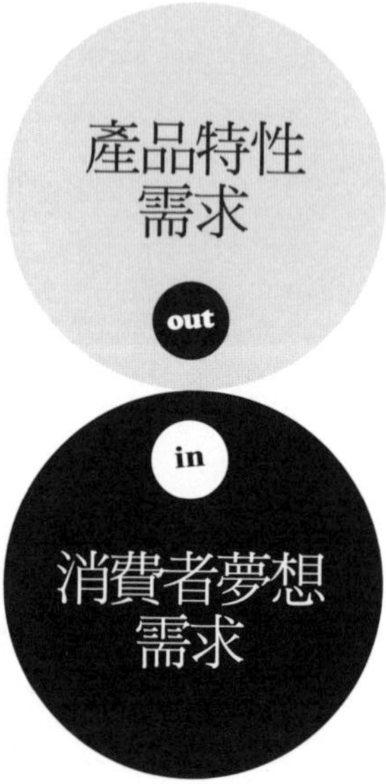

商品的品牌是消費者心中自我的一個反射。Who am I?因為我是誰，所以我消費。

商品的「最終價值」

創造商品的「最終價值」（Ultimate Benefits），才能滿足消費者的真正需求，也才能刺激消費者的消費意願。

一罐高單價的嬰兒奶粉最能打動父母內心需求的，不是直接訴求於它的「營養價值」，而是在於要能掌握住父母望子成龍、望女成鳳的「心理」——「孩子，我要你比我強！」這樣的廣告訴求才能真正抓住父母消費奶粉的產品最終價值。「營養價值」只是產品的物理特性，不是消費者的夢想價值；是購買產品的「中間價值」，不是「最後的利益點」。

頭髮清潔是洗髮精最基本的功能，讓頭髮烏黑亮麗也不是消費者需要的「最終價值」。在心靈消費的時代，消費者要的是洗髮精帶來的「夢想價值」——一個青春美麗的夢想、一個羅曼蒂克的夢想、一個偶然邂逅的夢想，才是消費者需要的心理價值。

消費者購買一支手機，除了最基本的通訊功能之外，手機已經成為消費者身分認同的代表，持有一支iPhone手機的身分感覺就是和持有hTC不一樣。消費者的最終價值需求是持有一支iPhone手機，這能滿足他是前衛的、有品味、時髦與潮流的身分認同與夢想的最終價值。

產品價值連結故事

一碗古早味碗粿、豆花、肉粽、鐵蛋、滷肉飯，都代表著一個故事、一則記憶、一段歷史、一種傳承。消費者消費這些產品的目的，不僅是因為「好吃」而已，而是要回味懷舊的味道或聽一聽他們的故事。

大批的遊客湧入九份和金瓜石或是新竹內灣，尤其每逢假日更是人潮洶湧，摩肩擦踵。其實旅客來到這裡遊玩，不只是單純來吃美食或是買紀念品，更是懷著夢想、追憶和故事而來。

中國大陸延安，曾是共產黨的革命基地，聰明的生意人把一些窯洞重新整修裝潢當作旅遊飯店，就是要讓遊客去「懷想」共產黨的革命領袖如何在經過十萬八千里的長征後，在這困苦的地方落腳，爾後當作革命基地，最終打敗了國民黨解放成功。

中國大陸旅客來台，一年的人數已經突破兩百萬人，他們大都是抱著一種「夢想」來台灣的。「阿里山的姑娘美如水，阿里山的少年壯如山……」這是許多人耳熟能詳的歌詞，阿里山於是成了中國大陸旅客必遊之地。雖然大陸的山、大陸的水不乏比台灣漂亮的，也多得是千年古木、千年古剎，但是他們來台灣不只是看山看水，而是來此一探分隔了六、七十年的「夢想台灣」。

品牌是消費者內心的反射

這是一個夢想的時代，消費者不再只是因理性與產品的物質性而消費，也是出自一種對產品或品牌的情感因素與認同而消費。對於消費行為的調查與分析，不能只從產品的特質做片面的了解，商品的品牌是消費者心中自我的一個反射。Who am I？因為我是誰，所以我消費。因為這項產品、品牌的形象及特質與我相似，或者說與潛在的我相似，所以我認同，我夢想，我消費，進而成為忠實的粉絲。

譬如勞力士手錶找來「名」人代言，就是要呼應消費者自我的認知或期待他人對個人的認知：「我也是和那名人同質的人。」萬寶路香菸（Marlboro）以牛仔當代言人，就是要符合年輕人的自我認知——我是男人，並且產生認同。穿起名牌的服飾，開一輛名貴跑車，都是自我身分的認同與對外的顯示。所以我們要將產品「生命化」，就像去塑造一個有生命的人一樣，也就是說，你要將你的產品描述成怎麼樣的身分、年紀、性別、性格、所得、嗜好等等，這個生命體的描述，就是產品消費者反射的影子。

重新定義產品的價值

在談到重新定義產品的價值與創新創意方法之前，這裡有一則網路上流傳的寓言，滿發人深省的，先供大家思考一下：

小和尚的大石頭值多少錢？

大都市城外的山上，有一座峰巒環抱、翠竹蔥蔥、松柏鬱鬱的古剎，有一天，一個小和尚跑過來向老和尚請教：「師父，我人生最大的價值是什麼呢？」

老和尚說：「你到後花園搬一塊大石頭，拿到山下的菜市場去賣，假如有人問你什麼價錢，你不要開口，只伸出一根指頭；假如他跟你還價，你就不要賣，馬上抱回來，師父就告訴你，你人生最大的價值是什麼。」

第二天一大早，小和尚抱了一塊大石頭，興致勃勃地跑到山下的菜市場去販賣。菜市場上人來人往，熙熙攘攘，人們紛紛好奇，到底誰會買一塊石頭呢？結果沒一會兒，一位家庭主婦走了過來，問小和尚：「這石頭賣多少錢呀？」

小和尚伸出了一根指頭，那個家庭主婦說：「十塊錢？」

小和尚搖搖頭，家庭主婦說：「那麼是一百塊錢？好吧，好吧！我剛好拿回去壓酸菜。」

小和尚一聽，心想：「我的媽呀，一文不值的石頭居然有人出一百塊錢來買！我們山上多得是呢！」

於是，小和尚遵照師父的囑託沒有賣出去，樂不可支地抱回山上去見師父：「師父，今天有一個家庭主婦願意出一百元買我的石頭。師父，您現在可以告訴我，我人生最大的價值是什麼了嗎？」

老和尚說：「嗯！不急，你明天一早，再把這塊石頭拿到博物館門口去，假如有人問價，你依然伸出一根指頭；如果他還價，你就不要賣，再抱回來，我們再談。」

第二天早上，小和尚又興高采烈地抱著這塊大石頭，來到了博物館。

在博物館外，一群好奇的人在旁圍觀，竊竊私語：「一塊普通的石頭，到底有什麼價值，難不成是什麼稀奇寶物，只是我們還不知道而已？」

這時，有一個人從人群中竄出來，對小和尚大聲說：「小和尚，你這塊石頭要賣多少錢啊？」小和尚沒出聲，伸出一根指頭。那個人說：「一千元？一千元就一千元吧，剛好我要用它雕刻一尊神像。」

小和尚聽到這裡，倒退了一步，嚇得說不出話來！但小和尚依然遵照師父的囑託沒有販賣，趕緊抱回山上去見師父，對師父說：「師父，今天有人要出一千元買我這塊石頭，這回您總可以告訴我，我人生最大的價值是什麼了吧？」

老和尚哈哈大笑說：「你明天再把這塊石頭拿到古董店門口去賣，如果有人還價，照例不要賣掉它。你就再把它抱回來。這一次師父一定告訴你，你人生最大的價值是什麼。」

小和尚聽到後徹夜難眠，只恨天亮得太慢，好不容易捱到了天亮，他急忙捧著石頭跑到古董店門口，突然出現一名拍賣師告訴他：「這是千年不遇的寶石！」接著問他要賣多少錢？小和尚沒出聲，伸出一根指頭，拍賣師說：「一萬元？」小和尚搖了搖頭，拍賣師出價說：「十萬元就十萬元吧，我要好好珍藏它！」小和尚聽了幾乎當場暈倒，便又趕緊抱回山上去見師父，對師父說：「師父，今天有人要出十萬元買我這塊石頭，這回您總該告訴我，我人生最大的價值是什麼了吧？」

老和尚指著石頭，打斷他的話，說道：「其實，我們根本不打算賣它。不過現在你應該明白，為什麼石頭的形狀和外表都沒有變，而你的想法和做法卻再三變化了吧？我之所以讓你這樣做，主要是想培養、鍛鍊你充分認識自我價值的能力，和對事物的理解力。如果你是生活在菜市場，那麼你只有那個市場的理解力，你就永遠不會認識更高的價值。」

不管你在什麼地方，同樣的你，有人將你抬得很高，有人把你貶得很低，有料的東西，只有在識貨的人面前，才有價值。

一顆石頭在深山裡，在菜市場邊，在博物館前，在古董店外，因為販賣的地點不一樣，它的價值與價格也就跟著不一樣；但是不管它被擺在哪一個地點，石頭還是石頭，它的本質並沒有改變，改變的是人對它識別的角度，因為識別角度的不一樣，才會有不同的價值與價格。

創造夢想價值的新時代

「鑽石恆久遠，一顆永流傳。」許許多多的情侶因為受到這句廣告詞的影響，夢想在情人節、生日或定情日時，期待對方能夠給自己這樣一個驚奇的禮物。

但鑽石的價值從何而來呢？對於一個沒有受過文明洗禮的「野人」來說，即使是撿到一顆鑽石的原石，因為不「識」它的價值，而可能將它視作地球上許許多多的一般石頭，將它棄於家中的角落。但是經過鑽石專家的研磨和行銷專家的包裝，它就變成了一顆價值數百萬美元的蒂芬妮鑽石，一對新人把它買回家當作訂婚的禮物，作為兩人終身愛情的承諾。

鑽石本來之於人類並沒有意義，它的價值是被創造出來的，被行銷專家賦予其價值，行銷專家洞悉消費者對於「愛情需恆久」的渴望，於是和鑽石堅硬的特質相結合，而創造了鑽石是愛情堅貞的象徵，但是即使花了幾百萬元買下一顆鑽石，愛情真的就會堅貞嗎？那可就不一定了。

新節日促進消費慾望

1111（十一月十一日）光棍節，是中國大陸年輕人創造出來的娛樂性節日，以慶祝自己仍是單身一族為傲。它起源於網路和校園之中，在此之前，也被稱為光光節。這一天也是眾多單身男女為慶祝脫離光棍狀態而舉辦交友聚會活動的日子，因此又同時是「脫光節」。與此同時，各大商家也以「脫光」為由打折促銷的時期。

在中國大陸，光是1111光棍節當天，在網路上因折扣而購物的包裹就達一億個，網路的消費族群只花了十三個小時又三十分鐘，就訂購了一百億人民幣的商品，這個金額打破了二〇一一年美國當日消費金額七十八億的紀錄，且光是中國大陸的「淘寶」與「天貓」兩個網站，在1111光棍節當天的二十四小時內，就創下了一百九十一億人民幣的業績。

這個龐大的商機是誰創造出來的？是如何創造出來的呢？十一月十一日就只是普通的一天，那天之所以被稱之為光棍節，而且還創造出這麼龐大的商機，這代表「價值」是被創造、被定義出來的；另外，就如「情人節」、「母親節」、「父親節」也一樣，都是被創造出來的，那天的日子也是被重新定義而產生了特別的意義。

熱賣商品的觸發物因子

芭比娃娃已經五十五歲了，為什麼它仍然能夠熱賣呢？芭比娃娃所販賣的並不是一個「玩具」產品，它所販賣的是：不管任何時代，每一個小女孩都有過的「白雪公主夢」的商品利益。擁有一個芭比娃娃，相信是小時候每一個女孩的夢想，可以把自己打扮得和芭比一樣，漂漂亮亮，天真可愛，時髦又高貴；將來有一天可以遇到心中的白馬王子，然後過著幸福快樂的日子。

在美國的玩具市場上，另外一個銷售奇蹟就是「椰菜娃娃」（Cabbage Patch Kids）。這個身長四十公分、不太可愛的胖胖孤兒——椰菜娃娃，以徵求大家來領養而激起了人們的同情心和憐憫心（還有領養身分證明），竟然讓不少消費者在聖誕節當日，冒著風雪，在玩具店前排起長龍競相「領養」，並且掀起集體「領養」的熱潮，其中，還有人一次就「領養」百來個椰菜娃娃。

然而「椰菜娃娃」所販賣的並不只是一個娃娃，而是每個人都有的「憐憫之心」。

創造價值是創意的本質

我在上「創新價值商機法的激發訓練」課程當中，都會給學員一個創意腦力激盪的練習。我會在一個袋子裡面放置口香糖、牙刷、梳子、餅乾、面紙、巧克力糖、保險套、鉛筆、筷子、泡麵、橡皮筋、一小袋米等等一般常見的日常用品，然後讓學員隨意的在袋子裡抓取一樣東西，並且規定在十分鐘內去思考，如何把你手上的東西利用創新，變成超出當前市場價值至少五倍以上的創意商品。同時，你必須很清楚的告訴我，你的市場對象是誰？創意的新商品概念要提供什麼樣的特殊價值（Special Value）給特定的消費者？

譬如，有人抓到的是梳子，那麼你如何把這個大眾性的梳子商品，將它轉化成高於現在價值至少五倍的商品呢？思考的順序是先想消費者的消費趨勢，如社會老化是現在的趨勢現象之一，那麼老年人有哪些問題呢？需要什麼呢？有哪些沒辦法滿足的呢？譬如記憶力衰退、掉頭髮、失眠、缺乏食慾、新陳代謝變慢等等，那麼這個梳子是不是可以加上一些創意後，再來解決上述的問題呢？

如此一來，這把梳子就有創意的目的和方向，也就能創造特殊的附加價值，也許你就能研發出可以解決老年健康問題或增進老年人健康、養生的一把梳子來。假如你觀察到送禮是一個很大的市場，那麼，你是否也可以因應這個需要，用創意研發出一支以特殊材質製成，而且非常有設計感、有故事性的梳子，再加上精美的包裝，把梳子變成一種禮品呢？

再來，譬如你抓到的是一只塑膠手環，而一只塑膠手環的價格本身已是非常非常的低，不過幾塊錢，怎麼創造出它的價值呢？也是一樣，先尋找消費族群中的消費需要，比方說，現在的都市人情緒經常起伏不定，遇到了挫折，就不自主的會有負面的情緒跑出來；因此，針對這點問題和需求，我們把塑膠手環重新創新與研發，用橡膠材質做成一個橡皮手環。這手環有兩面，一面為紅色，一面為黑色，紅色代表正面思考，黑色代表負面思考，平常就把黑色那面朝外戴在自己的手腕上，當有負面情緒時就把紅色那面轉過來，特別提醒自己要有正面的情緒。

如果這樣的創意能被消費者接受，那麼這只塑膠手環就等於被轉化了，而具有更高的價值，產品的功能也被重新定義了。

為產品重新下定義

台灣種植的越光米運到上海銷售，結果因為價錢太貴，一般民眾鮮少買來自己食用，銷售狀況不佳。但是，中國大陸送禮的市場非常蓬勃，因此，業者便將越光米重新包裝，定位為送禮的好禮物，結果改變了產品的定義，也改變了產品的銷售命運。

台灣的寶島眼鏡，在中國大陸黑龍江成立了一家海昌公司，計畫開採地底火山岩的五度C天然純淨礦泉水，最小瓶裝售價約新台幣五十元，大瓶裝的要價約新台幣一百一十元，鎖定高級餐廳、俱樂部、招待會所以及百貨公司等等地點銷售，並且發行「水票」鎖定送禮的市場；這也是把水拿來送禮的創新行銷方法，並且把原本「喝的水」重新定義為「送禮的水」。

一九六〇至一九七〇年間，瑞士的低階手錶市場被日本精工的手錶取代後，瑞士的手錶版圖漸漸萎縮，然而，SWATCH創新定義了手錶的價值，將SWATCH定義成時尚的手錶品牌，並與知名藝人如凱斯・哈林（Keith Haring）等人合作，賦予了手錶「時髦青年特立獨行」的標籤。SWATCH本身提供變化多端的手錶種類，目前銷售數十種手錶產品，包括全金屬機身的「金屬系列」，潛水錶，超薄錶系列，一款與網際網路相連且可以下載股票報價、新聞、天氣預報的手錶，有著其他數據的「狗仔隊系列」錶，兒童錶以及半自動機芯，甚至還有鑲嵌鑽石的手錶。

先有需求概念，再發展產品

傳統的產品思考法是：先研發出產品，再來思考產品的銷售對象、銷售價格、消費者的消費利益、銷售方法。創新的產品行銷概念是：先觀察或了解消費者的需求，包括顯性的需求與潛藏性的深層需求，然後再思考既有的產品是否可以滿足現在的消費需求，或者，再創新研發產品以符合消費的需求為主；因此，創新的行銷概念是：「消費需求第一」、「概念第二」，產品則是次要的。這樣的創新思維就可以脫離被現有產品的原性框住的侷限，因應消費者的需求，重新定義產品的消費需要與價值。

先有產品，再去創造消費需求概念的產品行銷邏輯，得運用到大量的廣告費用去刺激消費者的需求，因為消費者的需求並不一定是既定存在的。但是創新的產品發展邏輯，是先洞察消費者的需求，包括顯性與隱藏性的需求，然後再根據這些需求去發展產品。因此，創新的產品不僅具有特色且符合消費者的需求，並不需要大量的廣告與宣傳，自然可以吸引消費者上門，且產品本身具有新聞性，媒體就會主動來報導。

從消費者需求創造發明

傳統的產品發展概念是從研發與製造出發，這樣的產品發展經常與市場脫節，或者說是不符合消費者的需求；而創新的產品發展是從行銷與消費者的需求出發，更能符合消費者的需求。

譬如，我們觀察到女性上班族有很多人因為工作站立太久，因此都有下半身靜脈曲張的問題；如果你是一個做椅子或做運動器材的廠商，可以針對這問題設計出改善坐姿的座墊、椅子、運動器材、運動方法或按摩器等等；如果你是做服飾與襪子的，則可以研發出改善下半身曲線及循環問題的產品來；如果你是做出版事業的，也可以出版改善下半身循環問題的食譜書或運動操等等的作品；如果你是做梳子的呢？也許可以設計出一支能幫助下半身血液循環的特殊梳子來。

譬如，透過市場觀察，我們了解到老人市場蘊含著龐大的商機，而且許多老人都有頭痛或掉髮的問題，如果以一把梳子來看，我們如何重新界定這把梳子的價值，並且加入創意，以符合老人族群的特殊需求呢？這樣便有可能設計出一把與眾不同、價值獨特的梳子。如果你是按摩機器的製造廠商，你可以創新發明一種專門按摩頭部的機器；如果你是做帽子的，也是可以加入特殊的設計來改善頭痛問題。

譬如說，我們發現現在的上班族都很容易「鬱卒」，或許你可以把香菇與植物的種子變身成辦公室的「鬱卒小植物」，來紓解上班族的壓力；如果你是賣咖啡的，你可以將咖啡或咖啡店，定位為上班族「解鬱」的商品或空間；你也可以把神明公仔定義為心靈的寄託或是你的守護神；如果你是賣T恤的，你可以設計出不同的激勵話語或圖案印在T恤上，為上班族自我鼓勵；如果你是做旅行社的，不妨設計一些專為上班族釋放壓力的行程；如果你是一個體操專家，也許可以設計一套「舒壓運動操」；如果你是賣飲料的，則可以包裝具有紓解壓力附加價值的飲料；如果你是賣口香糖的，也可再定義成解壓的商品價值。

創新的行銷思考以消費者的顯性需求與潛在需求以及再需要為出發點，然後重新創造與定義商品的新功能、新用途、新價值。這樣子的思維比傳統的行銷思維更有邏輯，先有產品，再來思考消費者在哪？消費需求在哪？如此則更能接近消費者的需求，產品的設計也更有發揮創意的空間。

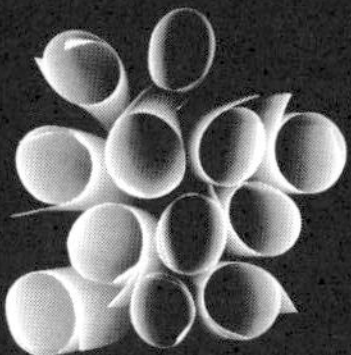

二

創新成功方程式，跟競爭理論說再見

07

實體行銷 out in 故事行銷

每一家知名的企業或品牌都有他們的故事，就如大家耳熟能詳的可口可樂的故事、麥當勞的傳奇、肯德基上校的創業歷程、蘋果的賈伯斯、微軟的比爾·蓋茲一樣，不但有故事性，也因此打響了品牌知名度。

無國界餐廳的品牌故事

「我上個月才從印度回來，因為我去那兒修行剃了光頭，頭髮還沒長出來，所以包了頭巾，很不好意思喔！」

台東無國界創意料理的老闆娘小柔，約四十來歲，氣色看起來非常紅潤健康，對著我們十幾個遠從台北而來的客人獻上這樣的開場白後，接著說起她去印度修行兩個月左右的故事：

「剃了頭髮，穿上僧袍，光著腳走在石頭路上，每天就當個托缽僧向印度民眾化緣，一天下來，細嫩的腳掌都磨到流血，可是卻不能穿鞋子，每天要靠化緣施捨的飯菜填肚子，今天要到多少就吃多少，化緣到什麼就吃什麼，剛開始頭幾天因為沒有要到什麼東西，肚子也就跟著鬧空城，喝水也是和印度民眾一樣喝著同樣的水。一般的國際觀光客都不敢喝當地的水，除非是世界知名的包裝礦泉水，後來我甚至也喝了看來非常渾濁、還漂流著動物屍體的恆河水，離岸邊不遠處，甚至可以看到有人在焚燒屍體。但是很奇怪的是，我喝了這些水竟然都沒有鬧肚子。

「曾經有一團台灣的朝聖團，因為不敢食用當地的水與食物，於是帶了隨團廚師烹煮三餐，結果仍然有團員鬧肚子甚至上吐下瀉，而我卻一點事也沒有。我的師父對我說：『可能是因為妳的心智力的結果讓妳免疫了吧！』

「到山上朝聖時，那裡有數千個階梯，雖然我有先天上的心臟病，可是還是赤腳一步步的往上爬，好不容易爬了上去，卻馬上昏厥了過去，不過最後還是有達成禮佛的心願。而且那幾天晚上睡覺時沒有蚊帳，那裡的蚊子可能是太餓了，結果把我咬得全身是包，整晚都睡不著，師父說：『妳要心存慈悲，讓妳的血來供養這些蚊子吧！』於是我便帶著歡喜心，任由蚊子來咬，結果蚊子反而不來咬我了……

「到印度後，看到很多小孩子一整天都沒辦法吃到一頓飯，忍不住心生憐憫，可是我自己也沒有很多錢，於是每天買來一堆香蕉，發給每個小孩子一根，最後他們把我取名為『香蕉師父』。

「每年我都會把店關起來休息三個月，然後到世界旅行，再把各國的美食帶回來。如果你們下次再來，早點預約，我可以給你們吃到『環遊世界』的料理，把各國料理一道道地做給你們品嘗。」

這是坐落在台東新生路上非鬧區的一家人氣餐廳，沒有明顯的招牌，餐廳入口是一個僅有小巷大小的入口通道，進去後才發現是倉庫改裝而成的餐廳，牆壁上貼滿了老闆娘到各國旅遊的照片，還有她親手繪畫的彩繪。

這是一個小地方、小餐廳的故事，但是它就跟企業經營之神賈伯斯、微軟創辦人比爾・蓋茲、王永慶的故事一樣，不僅引人注目且讓人記憶深刻，還能藉由口耳相傳。

「阿原肥皂」的傳奇故事

每一家知名的企業或品牌都有他們的故事，就如大家耳熟能詳的可口可樂的故事、麥當勞的傳奇、肯德基上校的創業歷程、蘋果的賈伯斯、微軟的比爾・蓋茲一樣，不但有故事性，也因此打響了品牌知名度。

「由於過怕了小時候貧窮的日子，僅有高商學歷的江榮原（阿原），畢業後一心想快速賺錢改善家計，陸續開過早餐店、跑過菜市場、夜市，當過板材印刷、廣告設計公司業務，到後來自己開立廣告公司賺了大錢，就在二〇〇〇年事業到達巔峰時，阿原卻轉而尋求心靈意境。原來他自小為皮膚過敏所苦，濕疹、過敏性皮膚炎動輒發作，一碰到含有化學物質的各種清潔商品更是奇癢難耐。

「由於曾祖父、舅公都是中醫師，祖父是藥草師，他本身也略通中醫與針灸，為解決身體病苦，他開始去主婦聯盟學做手工皂，並融合中醫、藥草、針灸、氣功等醫理來自製藥草皂，常常在家中一試做就是一大鍋，然後再四處分送。日子久了，不僅自身的皮膚病症逐漸好轉，原本用來自療的肥皂，在親友間也廣受好評。

「當時英國知名肥皂品牌LUSH在台灣流行一時，觸動了他的靈感，他心想：『歐洲可以有LUSH、歐舒丹（L'Occitane）、瑰珀翠（Crabtree & Evelyn）……為何台灣不能有阿原肥皂？』『台灣到處是山，山裡到處有藥草，這是我們最強大的資源啊！』

「二〇〇五年六月，以江榮原為名、打著『台灣青草藥手作皂』旗幟的阿原肥皂正式問世，製作純天然、純手工的肥皂。金銀花、左手香、艾草、抹草、檜木、松木、五爪金英……許多連聽都沒聽過的藥草植物，就這麼變成了肥皂，成為人們日常最貼身的生活用物。走進阿原位於淡水紅樹林、金山的工作室，以及淡水的包裝廠，各種植物交織而成的天然香氣和著山上海邊的微風細雨，落在走訪尋幽的人們身上、髮上、包包、衣服上，阿原肥皂要傳達的自然氣息，不言而喻。」（＊取自網路Talent文章，作者鍾文萍）

品牌故事獲大眾青睞

台東餐廳的老闆娘小柔和阿原肥皂，都有一個動人的品牌故事，也同樣都有一個非常有魅力的老闆，我覺得一點也不遜於賈伯斯和比爾．蓋茲的傳奇故事。

每一個蘋果迷大概都對賈伯斯的故事耳熟能詳：

「賈伯斯的親生父親是一名敘利亞移民，他在美國認識了賈伯斯的生母，兩人生下賈伯斯。但因為女方的父親不滿意賈伯斯生父的敘利亞背景，兩人無法結婚，因此決定把賈伯斯送給別人收養。賈伯斯的養父母是一個普通的工人家庭，但是為了實現對賈伯斯生母的承諾，他們將一生的積蓄都用在讓賈伯斯就讀大學。

「賈伯斯高中畢業後，就讀奧勒岡州波特蘭里德學院，只念一學期就因為經濟因素而休學。他借住在朋友家的車庫，但仍到社區大學旁聽書法課等等課程……他曾經為了三餐而撿拾可樂瓶子，每個星期天要走十一．二公里的路去到一間神廟去免費飽餐一頓……一九七四年曾在雅達利任技術員，努力賺錢前往印度靈修。一九七六年，二十一歲的賈伯斯與二十六歲的沃茲尼亞克在自家的車房裡成立了蘋果公司。他們製造了世界上首台個人電腦，並稱為Apple I，其售價是六百六十六・六六美元……」

消費者喜歡微軟的產品，但更喜歡聆聽比爾・蓋茲的故事：

「比爾・蓋茲，一九五五年十月二十八日出生於美國西雅圖，曾就讀於西雅圖的私立湖濱中學，一九七三年進入哈佛大學，大三輟學，與同窗好友保羅・艾倫共同創辦了微軟公司，推出了DOS和Windows，然後成為世界首富。這位從小就愛搖晃木馬的『左撇子神童』——比爾・蓋茲，具有過人的天賦，而偶然的機遇使他與電腦結下了不解之緣。他曾夢想成為征服全世界的鐵蹄拿破崙，但最後卻用手指震撼寰宇。比爾・蓋茲用不到二十年的時間，創造了一個神話，建立起一個龐大的軟體帝國。」

鮮芋仙創造「兩個老大」的故事：

傅大姐（六十五歲，是家中長女）與傅大哥（六十二歲，是家中長男）生長在台中豐原，家中排行老大的兩人個性憨厚純樸，為台灣典型的世代務農之家，兩人經歷了台灣農業社會的轉型，對於原味的古早味食材與製程特別情有獨鍾。

「兩個老大」以最認真的心、最勤奮的雙手，親身把家鄉的道地好風味，藉由開設鮮芋仙精緻甜品專賣店，分享給每一個人，「兩個老大」對於古早味甜品的詮釋有著一定的堅持與原則，堅持純手工，堅持採用最上等天然食材，堅持不添加防腐劑，堅持現做、現煮、現賣，並延續傳統與融合創新；有感於目前時下部分甜品充斥防腐劑與色素，「兩個老大」希望所有喜愛傳統古早味甜品的消費者，除了可以回憶兒時的甜蜜感，更可以吃得健康、吃得安心。

相信在鮮芋仙和「兩個老大」的帶領下，將為台灣的古早味甜品市場帶來嶄新的氣象。

不管這個故事是真的還是創業家自己編造的，都為這項產品添加了不少的感情和夢想空間。

在台北已有數家分店、標榜鹿兒島風味拉麵的三仕拉麵，以日本明治維新三傑——西鄉隆盛、大久保利通、木戶孝允——作為店裡的主要宣傳訴求重點，店內的壁上也繪有這三仕的圖像，店家自我期許發揮三傑精神，將鹿兒島拉麵推廣到全世界。該店以此三仕的故事，讓這家店創造了話題、故事與想像空間。

強調「故事產品」

「出租丈夫」（Rent-A-Husband）由美國緬因州一個破產的工程包商所創立，是一家從事家庭修繕的加盟系統。創始人凱爾．華倫（Kaile Warren）在一次車禍中受傷而無法工作，導致他的工程包商公司倒閉並負債累累，最後失去了他所有的一切，包括公司、房子、車子和全部的財產，甚至連婚姻也失敗了，他的妻子離他而去，最後還流落街頭。

一個冬天的夜晚，當他睡在一個靠水岸邊的碼頭倉庫裡，外面正下著雪，他飢寒交迫，黯然想到自己一生努力工作，沒料到如今竟然淪落至此，一無所有，那麼他活在這世上還有什麼剩餘價值呢？就這麼愈想愈悲哀。然而這時候，突然轉念一想，自己還有什麼本事可以為生？看來也只能做一些一般美國家庭丈夫在家都會做的事吧，譬如修繕、油漆、除草等等工作。因此靈機一動，就想到何不出租自己給別人呢？

後來便以「出租丈夫」為名開始替別人修繕打雜，慢慢的，生意愈來愈好，最後也開了公司，並且成立加盟系統，事業比車禍前更為成功。他的感人故事和這個讓人驚豔的事業名稱——「出租丈夫」，曾經吸引數個媒體採訪報導，讓他頓時成為知名人物，事業也扶搖直上。

羅爾夫・傑生（Rolf Jensen）在其所著的《夢想社會——後物質主義世代的消費》（*The Dream Society*）中提出：「資訊時代」已經如日中天，往後只會漸漸日薄西山；而「夢想時代」正如旭日才要東升。資訊與網路將只是一個工具，最重要的是承載的內容，因為現代的消費者是為了夢想、故事與體驗而消費。

在丹麥，五十%的母雞都是自由放養的，消費者不喜歡雞隻被關在狹小的空間裡，消費者喜歡雞隻是用他們祖父母的方式來飼養，而且他們寧願多花十五%或者是二十%的費用，來購買自由放養的雞所生下的雞蛋，因為消費者喜歡聽聽這雞蛋的生產過程和飼養者的經驗和故事。消費者所購買的雞蛋品質可能都一樣，但他們寧願聽聽那些更好的故事產品。

產品的擬人化故事

一支勞力士手錶如果只有對時的功能，只是強調其時間的準確度，那麼可能只值十塊美元，然而一旦加上「成功人士的故事與代言」，那麼其身價便有可能值得一萬五千美元。

耐吉球鞋總是重金邀請勝利的球隊和運動明星代言，為的是要塑造其「年輕」、「成功」、「聲望」及「勝利」的品牌形象。

Hello Kitty行銷全球四十餘國，商品上萬種，銷售額五億美元以上，它擬人化的故事如下：

姓名：凱蒂貓（Kitty White）

- 性別：女
- 生日：十一月一日
- 本籍：英國
- 血型：A型

- 體重：三個蘋果重
- 住址：英國倫敦郊外，離泰晤士河約二十公里，人口約兩萬人的小鎮
- 學校：離家約四公里的倫敦市中心，是一所充滿綠意的學校
- 通車時間：校車坐三站
- 身高：五個蘋果高
- 拿手科目：英語、音樂、美術
- 喜歡的運動：網球
- 興趣：做餅乾
- 喜歡的食物：媽媽做的蘋果派、裝飾著餅乾顆粒的蜂蜜香草冰淇淋、鎮上的麵包店叔叔做的法國麵包
- 喜歡的詞彙：友情
- 收集品：糖果、星星狀的東西、金魚等等精巧可愛的物品
- 寶物：爺爺、奶奶送的入學禮物——鬧鐘、相本、記錄祕密的塗鴉本、在森林中發現的鑰匙

- 喜歡的男生類型：對任何人都體貼的優雅類型
- 家族構成：父親喬治・懷特（George White），六月三日生；母親瑪麗・懷特（Mary White），九月十四日生；雙胞胎妹妹咪咪（Mimmy White），十一月一日生；爺爺安東尼・懷特（Antony White），十月二十五日生；奶奶瑪格麗特・懷特（Magaret White），三月三十一日生

許多店家、家庭的玄關或是客廳，總會擺著一隻舉著手的招財貓，希望這隻貓能為家庭招來財運。但如果這隻貓不叫招財貓，那麼也只不過是一隻上了顏色的白貓、紅貓、綠貓、黃貓而已，除了少數人認為它可愛之外，並沒有太高的附加價值。但是把它定義為招財貓，再加上一個故事之後，這隻招財貓就有了生命，也有了新的消費價值。

暢談未來社會三大趨勢

羅爾夫・傑生（Rolf Jensen）認為，將來的社會有著不可避免的三個趨勢：一，冒險（adventure）；二，心靈的平靜（peace of mind）；三，復古流行（retro）。

1. 冒險

根據美國喬治華盛頓大學的統計，全球的冒險旅遊市場到了二〇一二年已有八百九十億美元，如果加上交通費用和購物花費，整個市場約一千四百二十億美元。二十年前這個市場只約佔整個旅遊市場的五%而已。冒險旅遊市場每年以十七%在成長，遠遠高於一般旅遊四%的成長率。據估計，到了二〇五〇年，冒險旅遊的市場將佔所有旅遊市場的五十%。

冒險旅遊的活動包括考古探險、參觀地方文物與參加慶典活動、自助旅遊、賞鳥活動、露營、划船、泛舟、攀岩、洞穴探察、文化之旅、生態之旅、釣魚、自行車和摩托車旅行、坐船旅遊、打獵、登山、學習新語言、潛水等等活動。

消費者購買一輛哈雷機車不是為了「交通」（transportation），而是為了一種冒險（adventure）的夢想體驗。騎一台捷安特自行車不只是騎乘一種交通工具，而是為了拓寬人生視野的冒險活動，除此之外，學習新語言也是為了探討一個新的文化。

許多人把登上世界最高峰——珠穆朗瑪峰——當作人生中最大的挑戰，到了二〇一一年已有四千多人登峰，成功攻頂的有六百六十人，死亡的有兩百二十人。在不丹這個不到六十八萬人口的山中小國，每年觀光客就有一萬五千人，大部分的人前往不丹，就是為了來一趟文化探索與冒險。

2. 心靈的平靜

在美國，目前估計約有超過一千萬人禪坐，全世界則有超過一億的人口為了健康而學習禪修。全美國學習瑜伽的人口約有一千五百萬人，女性人口佔七十二・二%，男性約二十七・八%，用在瑜伽商品上的費用一年約兩百七十億美元。據統計，全世界七十億人口中，大約有二%的人在學習瑜伽。

台灣登記有案的廟宇約一萬兩千座，其中大甲媽祖是香火鼎盛的廟宇之一。每年四月的大甲鎮瀾宮媽祖遶境活動，時間長達九天八夜，路途共計三百四十多公里，參與該項盛會的信徒逾十五萬人。

曾經在網路上爆紅的「淡定紅茶」，起源於故事中男主角面對女主角激動地質疑自己劈腿時，仍是從容不迫地喝著紅茶，始終淡定回應，因而備受大眾好評。網友稱該男主角為「淡定紅茶哥」，後來「淡定紅茶」成為該故事和故事中所出現紅茶的代稱。

在谷歌公布的台灣二〇一二年關鍵字搜尋趨勢排行榜中，「淡定紅茶」排行第五，在奇摩公布的二〇一二年度「十大爆紅關鍵字」排行榜中，則排行第七。其實「淡定紅茶」品牌的本尊在故事爆紅之前就已存在。「淡定紅茶」出自南投魚池鄉的有機森林紅茶，「淡定」的命名是源自於品牌的企劃者林琮盛先生。

原來，二〇〇九年時，某次他陪國一的兒子讀書，遽然發現沒有補習的兒子功課糟得可以，可說是一塌糊塗，為平復自己忐忑不安的心境，他寫下：淡定，泰然自若，並以此為茶葉命名。後來「淡定紅茶」爆紅後，林琮盛的台茶十八號「淡定」條型紅茶也搭上這波熱潮暢銷不已，且廣為人知，每組二十五公克，三百元，換算成每公斤則是七千兩百元，價錢是阿薩姆紅茶的三十六倍。淡定紅茶的「淡定」定位，賦予了商品心靈平靜的價值。

3. 復古流行

一九九八年由兩位美國人高德曼（Seth Goldman）和尼爾包夫（Barry Nalebuff）所創立的「誠實茶」（Honest Tea），強調不使用市面上茶飲料所用的糖汁和濃縮粉末來做茶，而是用有機茶來沖泡，並且以水果汁來代替糖汁。

上市十年，業績已達三千八百萬美元，二〇〇八年可口可樂公司買下了該公司四十%的股份，二〇一一年將其全部買下，成為可口可樂的一個子公司。其公司強調，以「誠實」的態度來製造天然、有機的健康飲料給消費者，完全和業界的「不老實」茶做區隔。他們並且在許多城市的街頭做「誠實」指數調查：在一個沒有人看管的攤子前，消費者自己一手拿茶，一手把一塊美元放進箱子裡。這個「誠實」指數調查活動創造了許多新聞與話題。

被聯合國列為世界文化遺產與世界七大奇景之一的印度泰姬瑪哈陵，從十七世紀中葉開始動工興建，費時二十二年才建造完成，雖然觀光客需從新德里搭車四小時才能抵達，但是絡繹不絕的觀光人潮在在顯示，不少人就是要體驗一下蒙兀兒王朝中沙賈罕皇帝和其愛妻慕塔芝・瑪哈，那段令人感動又嚮往的美麗愛情故事。

台灣觀光客的人數調查中，以「九份」最獲旅客喜愛，其比例為三十六・八%，再來依序是「日月潭」、「太魯閣・天祥」、「烏來」以及「墾丁國家公園」。九份榮獲第一名的寶座原因無他，那是因為此地有懷舊的「戀戀風塵」。

每逢假日總是人潮不斷的台中大遠百，十二樓的「大食代古早味美食街」，有著古老的裝潢、古早味的美食，除了吸引部分的中老年人之外，更吸引了許多來體驗古早「故事」的年輕人。

知名的台南擔仔麵起源於一八九五年，有一百多年歷史；大同醬油有一百年的歷史；鹿港振味珍包子也有兩百年歷史；台南再發號肉粽有超過一百四十年的歷史；屏東義香芝麻醬也有一百四十幾年歷史；雲林黑豆丸莊醬油有一百年歷史；有記名茶有一百二十幾年歷史。這些店家多是因為歷史悠久而聞名，也因而成為消費者懷舊的熱門商品。

「想像」（imagination）將是資訊時代中很重要的行銷素材，故事（story）是不可或缺的內容，體驗（experience）則是吸引消費者行動的關鍵因素。

08

消費是理性的衡量 out

in 消費是不理性的衝動

消費者正因為需要等待所以愈「飢渴」，也就愈想得到。

消費者是感性？理性？

在上「創新創業」課程時，我會問學員：「速食連鎖店的漢堡健不健康？營不營養？」大部分的學員都會回答：「不健康，不營養。」再問：「吃多會如何呢？」學員們回答：「對身體有壞處，還會罹患慢性疾病。」那麼，我又問：「速食連鎖的披薩營不營養呢？」大部分的答案也是一樣：「不營養。」再補充問：「可樂喝多了會如何呢？」學員們紛紛表示意見，回答道：「會發胖，也會流失鈣質。」

如果這些產品都不是很健康、很營養，消費者為什麼會喜歡吃呢？如果是因為好吃才去吃它們，那麼麥當勞是不是世界上最好吃的漢堡呢？肯德基是不是世界上最好吃的炸雞呢？必勝客是不是世界上最好吃的披薩呢？可口可樂是不是世界上最好喝的飲料呢？那倒也未必。但是它們為什麼都是世界上賣得超好的漢堡、炸雞、披薩和飲料呢？

麥當勞、肯德基和必勝客曾經對消費者做過市場調查，消費者的反應是他們大都喜歡低脂、低卡路里以及沒有皮的雞塊，但是實際上他們的消費行為卻又與他們在做調查時的回答不一致。

甚至一群參加健康飲食研討會的人，在為期一週的會中大談所謂的健康飲食的新觀念，可是會後他們回到工作崗位後沒多久，卻又開始大啖油炸的大餐。我們不禁要問：消費者究竟是感性的還是理性的呢？

創造附加價值的重要性

美國莫里斯公司的萬寶路香菸，其具有濾嘴的香菸本來是定位給女性抽菸者的，但是銷路一直不見起色。一九五四年後，新的廣告公司——李奧．貝納，開始策劃新的商品定位與廣告訴求。他們做了一個市場研究發現：一般男人開始嘗試抽香菸的年紀，大都在十五至十六歲的青少年時期，那個年紀抽香菸的心理是：「我想成為大人的樣子。」

因此，李奧．貝納廣告公司針對這項消費者的潛在心理需求，轉化萬寶路香菸為「男人」（Men）的香菸定位，並且以西部牛仔為形象代言；從那以後，一個溫文儒雅的萬寶路不見了，取而代之的是粗獷豪放的萬寶路。從此之後，銷量也扶搖直上，一九五五年，萬寶路榮膺全美十大香菸品牌。一九六八年，萬寶路單品牌市場佔有率升至全美菸草業第二位。一九七五年，萬寶路摘下美國捲菸銷量的冠軍。八〇年代中期，萬寶路成為世界菸草業的領導品牌。

香菸是一個對人體健康有害的東西，如果人類是理性的，那麼這世界上絕對不會有香菸這種商品出現；但是李奧．貝納察覺到青少年的心理狀態，於是以「男人」為心理訴求，也與消費者產生了共鳴，創造了心理附加價值。

消費慾望並非真正需要

有時候，人類的慾望不是因為自我的實際需要，而是和別人比較才產生的，因為別人有，所以我也必須要有。別人家裡有電冰箱，所以我也要一台電冰箱；同事們都在用iPhone，所以我也要有一台；因為電視上的廣告說時髦流行的年輕人要喝可口可樂，所以我也要喝可口可樂。人的需要實際上是很簡單的，但是慾望卻經常是被他人或企業的行銷方法所挑起，當慾望愈生愈多時，如果沒有辦法被滿足，那麼人就會很不快樂。

二〇〇六年，英國華徹斯特大學（The University of Leicester）推出了「世界快樂地圖」（World Map of Happiness），不丹排行第八，台灣排行第六十三。前幾名是北歐幾個國家，人民平均收入在兩萬美元以上，還享有優厚的社會福利；但不丹當年的人民平均所得，不過一千四百美元，讓世人不禁對這個快樂的貧窮國家感到驚奇。不丹曾經是世界上最快樂的國家，所以，快樂並非富裕國家的專利。

飢餓行銷

「湯姆發現了人類的重大法則，那就是：要讓人們渴望一件東西，唯一要做的就是讓這個東西難以取得。」這是馬克・吐溫藉由《湯姆歷險記》裡的主角所做的斷言。

購買iPhone手機需要排隊等待的「飢餓行銷」方法，雖然不免令消費者不滿、憤怒，但也使得蘋果迷更加為之瘋狂。因此，所謂的「飢餓行銷」是故意要降低產量，造成供需不平衡的假象。消費者愈是向隅，就愈是想要購買。廠商故意讓商品缺貨，以致消費者必須等待、必須排隊，或者是必須預約，這些都會刺激消費者更為渴求。

這樣的手法，連大陸的智慧型山寨手機——小米機也跟著模仿。繼二〇一二年九月小米科技啟動小米手機MI1S第二輪開放購買，且限量二十萬台，當日全部售罄的激烈反應之後，小米手機MI1S第三輪在九月二十日開放訂購，粉絲更為熱烈，限量三十萬台的小米手機MI1S，在短短的四分十二秒內銷售一空，可見飢餓行銷策略的威力！

為什麼「等待」會讓人瘋狂？

這種行銷手法也經常被運用在服務業上。我們常常看到許多故意讓客人「等待」的店家，它沒有像國際知名的速食連鎖店一樣，讓顧客在點餐後二十秒內就能拿到東西，反而要求顧客必須「等待」。也許店內座位有限，讓你得排隊等候；也許是作業流程上的設計，你必須先排隊領餐才能入座；也許是產品出貨量有限，讓你必須等待；也許是故意放慢作業流程；也許是現點現做；也許是每日限量供應；也許是故意拉長供貨時間等等手法，反倒更能吸引顧客上門爭相排隊。

嘉義著名的手工蛋捲福義軒，每天都有排不完的人潮，甚至在過年前還有人清晨兩點就跑來排隊的。人們愈是買不到，就愈覺得這個東西很稀罕，愈想要買。

新北市萬里區的亞尼克菓子工房，每天都有許多從外地慕名而來的消費者，但是自從有了台北市其他分店後，整體的業績反而下滑，也許就是失去了「稀有性」的關係。網路上有許多知名的產品與零嘴，也經常要等待三個月至半年的時間，不知道是真的需要等待這麼久，還是另類的行銷手法？但是可確定的是，消費者正因為需要等待所以愈「飢渴」，也就愈想得到。

09

創業前先市場調查 out
in 用心洞悉消費者需求

一些創新產品經常是沒有市調的，沒有客觀的資訊顯示出消費者會需要這個東西，創新性產品的創造者經常是憑著「直覺」斷定消費者需要這種東西……

洞悉消費者的潛在需求

福特汽車創始人亨利．福特曾說：「在汽車誕生之前，你問人們想要什麼，他們會回答：『一匹更快的馬車。』」也就是說，你無法利用傳統的消費者消費意向市場調查法，研發出汽車、電腦、數位相機、智慧型手機、平板電腦、電子書、網路書店、谷歌、臉書等等；**如果你沒有細微觀察消費者的潛在需求，並大膽的假設，市場上便不可能出現情人節、母親節、父親節、光棍節。**

如果沒有深刻體認到，忙碌的現代上班族在家庭與辦公室之外對「第三個空間」的需求，霍華德．舒茲就不可能成功創辦星巴克咖啡；坊間不可能從消費者的市場調查中，發想出台灣享譽國際的珍珠奶茶，世界麵包大賽冠軍的吳寶春桂圓麵包，台北市鳳梨酥冠軍的佳德蔓越莓酥，滿足消費者平價奢華需求的咖啡蛋糕店——85度C，網路團購享有超高人氣、羅東小鎮上不起眼的麵包店——諾貝爾奶凍，由台中發跡、專門提供年輕學子們談天聚會的場所——「綠蓋茶」連鎖事業。

了解消費者的需要，只能對產品或服務做漸進式的創新，想要有突破性或破壞性的創新，則得跳脫原來消費者的消費習慣與認知的框架。要創造消費者的新需求、產品的新價值，一定要挖掘與激發消費者的潛在需求。

消費者並非全然理性

「消費者的調查經常是測不準的。」

二〇〇〇年，哈里．貝克威（Harry Beckwith）所著的暢銷書《服務行銷新策略》（*The Invisible Touch*）中特別陳述：「忽略量化的市場調查證據（hard- evidence），觀察式的軟性證據更值得信賴（soft evidence is much more reliable）。」他提出量化調查「測不準」的論點，這就好像肯德基、必勝客曾對消費者做過的市場調查，雖然結果顯示：消費者希望有健康、營養與低卡路里的食物，並期待能推出健康取向的餐點。但是，實際上消費者卻不買單。

消費者處於市場調查的情境時，總是表現得非常理性，但實際的消費行為卻常常不是如此。二十幾年前，台灣有一個非常受歡迎的節目「我愛紅娘」，未婚男女報名參加這個節目，並在這個節目交友配對，當男女雙方做初次配對時，通常由主持人或由女方問男方一些問題，如果男方回答得適切、或為女方所同意的答案，則男方才可晉級成為入圍人選。通常主持人或女方會提出類似這樣的問題：「如果將來你們兩人交往之後，發現你們彼此對某些重要的事情有完全不同的意見，甚至因而發生很大的衝突時，你該怎麼辦？」一般而言對方會如此回答：「我會很有耐心的，把事情的得失利弊分析給她聽。」主持人又會問：「假如，她還是聽不下去呢？」對方便回答：「我會請她的朋友跟她說明。」或者「我會放棄，改而尊重她的意見。」

當時在看這個節目的時候，我經常會暗笑：「如果夫妻間處理事情都是這麼理性，那麼世上就不會有離婚或是夫妻吵架了。」這個節目中參加配對的男女雙方，就像在做小組討論的市調（focus group），被調查的對象是在不自然且被設定的環境裡表達意見，這就是物理學的「海森堡測不準原理」（Heisenberg Uncertainty Principle），一旦在一個設定的環境裡測試，一切就會失準了。

因為人類不是純理性的，因此，不是很健康的速食與食物仍然有很大的市場空間，由於消費者的消費行為經常是情緒的與衝動的，所以，訴諸感情的品牌策略才可以成功。量化的市場調查並不是不能參考，只是必須軟性地觀察消費者真正的實際消費行為與潛在的消費動機，後者不僅較為重要，甚至更為可靠。況且，從研究出發的點子往往平平無奇，而卓越的精彩發想，卻常常過不了硬性證據這一關。因為硬性證據其實是最糟糕的證據。

基於好奇心的創新

一些創新產品經常是沒有市調的，沒有客觀的資訊顯示出消費者會需要這個東西，創新性產品的創造者經常是憑著「直覺」斷定消費者需要這種東西，一種直覺的好奇心驅動著創新的活力。

廣達董事長林百里先生觀察發現，一般公司追求的是「滿足消費者需求的功能」，蘋果卻追求「讓消費者驚奇的功能」；一般公司追求「符合市場需要的創新」，蘋果卻要求「在消費者想不到的地方創新」。「蘋果深諳用戶需求之道，卻從來不依賴市場調查研究和預估。蘋果對需求的掌控不是在用戶後面亦步亦趨，而是透過觀察，提前了解消費者的需求，甚至是創造用戶需求，從而率先推出代表新趨勢的產品。」

以往對消費者的傳統調查只能讓商品更為better，而無法當作創新創意的參考。所以，創新並不只是運用市場調查方法去了解消費者的需要，而是還要進一步的去創造新的需要，去激發消費者的渴望。

滿意度調查的侷限

滿意度調查，經常被當作產品售後消費者反應的參考，但也經常有其陷阱存在：第一，消費者在被觀察的狀況下很難實話實說。就好像去一家餐廳吃完飯後，老闆親自詢問客人滿意度的狀況時，有些消費者就經常不會說出真心話，大都是虛應地說出「還算滿意」的回答，但是消費者不會直接指出你的服務人員服務態度不夠好、廁所的清潔不夠、碗盤有破角、價錢訂得太高等等。第二，即使消費者能暢所欲言，你也無法滿足他。就如同你去一家餐廳用餐，如果要達到消費者「很滿意」的感受，不僅菜色要好，還要便宜和折扣；不僅服務要周到，售後服務更不可馬虎；不僅地點要方便，裝潢氣氛也要一等一，更要有知名度等等。

但是很少有商家可以完全滿足消費者的要求。原因有二：一，消費者的滿意度要求是無止境的，他們隨時都在改變；二，如果你完全滿足他們的要求，那麼你可能會不敷成本，無法獲利。因此你只能掌握消費者特別的需要，或者依需要的順位去滿足他們。

商圈量化調查的侷限

口碑與網路傳播快速的時代，一些評估商圈的傳統市調方法與觀念也必須改變，以往評估商圈就只是評估一間商店的坐落位置，及其商圈範圍內的市場對象人數、家庭數、消費能力，以及商圈範圍內的競爭對手等等。但是在網路傳播無遠弗屆的時代，一間位處偏僻的小店則可以突破既定的商圈範圍，消費者將從四面八方湧來，或將產品銷售到全台灣、全中國大陸，甚至是全世界。

南投埔里的18度C巧克力工房、新北市萬里的亞尼克、羅東的諾貝爾奶凍、嘉義的福義軒蛋捲、花蓮的奶油酥條，還有其他具有獨特性的店家，它們都是位處於小地方、人口數不多的小商圈，但是消費者卻從各地慕名而來，引發排隊人潮，它們都摧毀了傳統評估商圈與市調的標準。這說明了只要具有獨特性的產品與服務，就可以突破傳統商圈的框架。傳統量化的商圈調查方法對於特殊店家早已失去了客觀的依據。

10

致力於增加市場佔有率

out

in

跳脫市場佔有率的框架

決勝的關鍵點有時候不在於廝殺的這個戰場上，最可怕的敵人是利用新的武器，出現在你看不見的新戰場上，害你毫無招架之力。

品牌優勢大勢已去？

「上帝經常站在兵力最大的一邊。」（God is always on the side of the big battalions.）

在行銷的戰爭中，通常是指市場佔有率較大的公司擁有較為優勢的行銷資源，有更多的廣告預算，有更多的通路談判籌碼，有更多的產品於通路上陳列與曝光，有更低成本的供貨來源，也可享受許多經濟規模的低成本優勢，有更多的研究發展費用，可配備更優質的人力資源等等，這就是蘭徹斯特的「市場佔有率」強勢法則。蘭徹斯特的法則，源自於歷史上贏者「集中火力，局部勝利」的戰爭理論，十八世紀縱橫歐洲二十餘年的拿破崙，即是採取這種優勢兵力壓制敵人的策略。拿破崙的優勢兵力，乃由於其採取了歐洲首創的徵兵制，使得其兵力來源不虞匱乏，但是幾年後，歐洲的其他國家也採取了徵兵制，也有了強大的兵力，拿破崙的優勢就不見了，屢戰屢勝的神話就此開始破滅。

一九八五年左右，我擔任台灣柯達公司的行銷推廣部經理，彼時柯達軟片市場上的勁敵是富士與柯尼卡，為了爭取市場佔有率，每個品牌都使出渾身解數，推出各種促銷活動，只要是出現在「廣告與促銷活動」教科書裡的各種方法，都曾被柯達、富士與柯尼卡派上用場。今天柯達辦買兩捲軟片送腰包的活動，富士、柯尼卡就辦買兩捲軟片就送抽獎券，最大獎則是去日本或夏威夷，幾乎每三個月就有一次小活動，每半年就有一次大促銷。對經銷商也是如此，同樣的各盡所能，運用各種優惠條件向經銷商塞貨，這種市場佔有率的戰爭持續的打來打去，今天因為促銷，你的市佔率增加五%，明天競爭對手又出招了，你好不容易增加的五%市佔率，很快的又被競爭對手奪了回去。

這樣的市佔率肉搏戰，到最後並沒有因為促銷活動而增加了市佔率與利潤，原因是所有的努力都被相互的競爭抵銷了，即使市佔率有些微增加，但是利潤卻沒增加，這是由於促銷成本增加而削減掉了利潤。因此，一旦各品牌間有一方開打，這個市佔率肉搏戰的戰爭就會沒完沒了，因為誰也不想挨打失去佔有率，但是一段時間下來，等到各方都開始檢討戰爭的成果才發現，一切的努力都回到原點，並沒有得到實質的利益，惡性競爭的結果，最後獲利最多的就是消費者與經銷商。

促銷與折扣戰的大破滅

一九九〇年左右，喜餅產業也遇到一場促銷與折扣的大廝殺，這個戰爭由「大黑松小倆口」以五五折發起後，各品牌降價與折扣活動的連續效應就開始了。一年後重新檢討這場促銷的肉搏戰，才發現業績是增加了，但是利潤卻沒增加，最後大家都未能得利。然而卻讓消費者養成了一種習慣，就是一定要和商家要折扣，結果整個產業的定價就崩盤了。

二〇一一年三月底，宏碁電腦的義大利籍執行長蘭奇辭職了，這位宏碁的第一戰將戰功彪炳，二〇〇五年接任總經理之後，讓宏碁的全球市佔率由四．七％一路竄升至十三％，甚至超越戴爾，成為個人電腦市佔率的第二名，當時更揚言在短期內即將超越惠普，成為龍頭老大。其實蘭奇運用的經營模式與市佔率戰略就是薄利多銷，六％的淨利，扣除掉保證給經銷商二％的利潤，再扣除掉其他費用，淨利剩下不到三％，這樣微薄的利潤根本無法支付國際廣告費用，也必須削減龐大的研發費用。

基本上，蘭奇的管理方式還是運用傳統的管理思維法，首先企業要訂定一個挑戰的業績目標與市場目標，根據這個目標再制定各部門的次目標與次策略，從目標的關鍵績效指標（Key Performance Indicators，簡稱KPI）到執行，都要以精準的數字來管理，盡量地將各種預算費用的活動效益發揮到最大，將各個作業流程精簡到最極致，掌握更快速、更精確的資訊，把人員的奮鬥意志激勵到最high，在通路上給予最大的優惠，給消費者最物超所值的感覺。在執行階段處處以數字來監控，隨時再鞭策再激勵，年終也以數字來考核、來獎勵、來處罰，一年結束後，再訂定下一年度的挑戰目標，然後再挑戰再激勵，一次又一次的動員組織和人員，一次又一次的挖掘潛力，甚至到挖空……這就是所謂的「擰毛巾法」，把一條濕毛巾一次又一次的再擰乾，擰到最後，連一滴水都沒有了，這樣的管理法當然得用精準的數字來管理，而且要竭盡所能的誓死達成使命。

這樣的組織背後，講求的是領導者的意志力要貫徹，組織與管理要嚴明、要有效率，權責明確，獎懲清楚，全員動員，人員不斷激勵再激勵，並且達到最高潛力的發揮。在面對持有相同武器與戰力的敵人時，這種競爭確實能在廝殺的戰場上攻城掠地，步步進逼敵人。但是決勝的關鍵點有時候不在於廝殺的這個戰場上，最可怕的敵人是利用新的武器，出現在你看不見的新戰場上，害你毫無招架之力。

在蘭奇不斷地衝刺市佔率時，個人電腦早已受到iPad與平板電腦的威脅，在你帶兵勇往直前時，原本你在戰場上看似一再地有所斬獲，市佔率與業績也不斷地提升，但是驀然回首，另一個創新的商品正以極快速的方式重新顛覆這個市場。那是一個會終結個人電腦的新產物，也是一個企業存亡的新威脅，但蘭奇卻在這方面與憂心忡忡的董事會看法不一致，最後董事會不得不將蘭奇割捨。

《啟動革命》的作者蓋瑞．哈默爾表示：「如果公司的營收成長對利潤成長之比超過五比一，而且已經維持了數季，則表示該公司的核心策略已經差不多要壽終正寢了；對新創的公司而言，則表示必須尋找更有效的策略。」

中國大陸「海爾家電集團」和「美的集團」，都曾經以爭奪電器市場的市佔率為企業的首要目標，在市場上彼此短兵相接，為的就是要搶得市佔率的第一；然而，當發現十多年不斷成長的市場漸趨飽和，營收與利潤比日益加大時，它們都開始警覺到，市佔率的策略必須要修正了。

產業革命才能生存

索尼曾經是蘋果賈伯斯所推崇的創新企業，這家公司在一九五〇至一九八二年間，共推出了十二個「破壞式創新」的產品，但從一九八二年創業者將經營權交棒後，索尼就再也沒有交出任何突出性的創新產品。縱使執行長也換了好幾個，但誰也沒辦法扭轉每下愈況的經營頹勢。因為從那時候開始，索尼把大部分的心思都放在如何與同業競爭、如何在競爭的市場中勝出，以及如何奪得更大的市場佔有率上。最後的結果顯示出，「同質化」的競爭只會在小差異化上改進，卻沒有辦法有破壞性的創新產品出現。

一九八〇年代的台灣，曾經是「雨傘王國」、「玩具王國」、「聖誕燈王國」、「塑膠鞋王國」、「電子零件王國」、「成衣王國」，當時市佔率不是世界第一就是第二。但是呢，時過境遷，這些產業大都外移中國大陸，甚至現在連在中國大陸都無容身之處；那麼，得到暫時的市佔率又如何？如果在與敵人你死我活的爭奪地盤之外，忘記了要以創新的商品、創新的服務、創新的作業流程、創新的商業模式、創新的管理模式等等來超越現有的競爭者，或者另闢藍海新市場，則在市場佔有率與行銷戰爭理論的運用上，就會出現以下幾個瓶頸：

1. 在成熟市場中爭取市佔率的成本愈來愈高。
2. 增加市佔率可能讓獲利遞減。
3. 取得短暫市佔率，卻忽略了長期的發展策略。
4. 為了市佔率犧牲了品質與服務。
5. 聚焦於市佔率，卻忽略了產業的非線性式創新。

在成熟市場中，業績的成長力量大都不是來自於市場的自然成長，而是來自於搶佔敵人的市場與消費者。這時候，就得去思考非線性式的創新革命了。蓋瑞・哈默爾說：「進步的時代（the age of progress），就是持續的追求改善（continuous improvement）。大多數的經理人至今仍是將持續改善奉為金科玉律。」但蓋瑞・哈默爾認為這是不夠的，革命性的時代需要有激烈與突破性的創新。他更認為：「『知識管理』與『組織學習』是持續改善的兩個近親。」這兩門學問更著重於把事情做好，而不是把事情做得與眾不同。

「然而到了革命時代，創造財富不是靠『知識』，而是靠『洞察力』（insight）。發現是旅程，所洞察的新機會是目的地，你必須成為自己的先知。」他所強調的就是非線性的跳躍式進步，在非線性的世界裡，唯有非線性的點子才能創造財富。在革命時代裡，無情的超優勢競爭（Hypercompetition）環境下，已將各個產業的利潤壓到最低。「產業革命才是通往黃金國（El Dorado）的超級高速公路。」

11

比競爭者更好 out

in 與競爭者不同

你降價打折，競爭者也跟進降價促銷，你不斷改進產品以符合消費者需求，競爭者也會有樣學樣，彼此的競爭策略互相抵銷……

打破比「競爭者更好」的迷思

「比競爭者更好。」這是長久以來的一個創業迷思：產品比競爭者更好、服務更好、價錢更便宜、行銷廣告做得更好等等，只要在這些環節上下工夫，那麼一定能贏過競爭對手。現在還有很多創業家仍然把這種線性式改善的思維方法，當作是成功的聖則鐵律。在「競爭時代」下，這個鐵律幾乎是勝利者的公式和成功者的遊戲規則，大家相信只要朝著「努力」與「精進」這條路走下去，就一定能打敗對手，贏得最後的勝利。

汽車製造商的汽車品質只要比競爭者更精良、價錢更便宜、有更好的通路與更強有力的廣告促銷，勝利一定是屬於我的；個人電腦的製造商相信，只要朝著體積更超薄、記憶容量更大、速度更快、價錢更便宜的方向努力，一定會成為市場佔有率最大的贏家；咖啡廳的經營者確信咖啡煮得比競爭店香，服務與裝潢比競爭者更好，價格又具競爭力，那麼一定會開店創業成功；賣滷肉飯的成功思維公式，就是滷肉要用上等的黑豬肉，飯要用台灣最好的池上米，再搭配比同行更好的服務、更低的價格，就更有競爭力了。

但是在一個成熟與完全競爭的市場裡，每個人都是抱著「比競爭者更好」的公式不斷地求進步，最後因為「不斷的改進」讓服務不斷地加碼，製造成本不斷地堆疊，但是價格卻難以提高，甚至利潤還直直落；這種「比競爭者更好」的經營策略，到頭來是不斷地付出成本只求市場上的成功，結果各種成本不斷上揚，包括服務成本、通路成本、行銷成本等等，再加上強勁的競爭對手不斷地進入市場，市場相對的日益縮小，只好讓增加市佔率的努力成本不斷地增加，結果企業由微利事業到無利，最後為了能維持一定的利潤水準，就會使出所謂的「品牌」撒手鐧，企圖利用「品牌」來抬高產品價值、提升產品價格、增加利潤……這個勝利公式確實讓許多企業嘗過勝利的甜頭，但這個勝利公式一旦被對手學得後並複製成功，就不再是你的專利了。

當韓國企業學會了日本的勝利模式，那就表示曾經是「日本第一」的企業輝煌時代過去了。當台商的製造效能知識被大陸學得後，也是台商該捲鋪蓋走人的時候；舊有的「比競爭者更好」的成功模式，只要「更精進」、「更努力」就會成功，因此，全面品質管理與努力不懈的意志力以及工作精神，是企業成功的標竿。在服務業上，這樣的成功模式被王品牛排、鬍鬚張魯肉飯和鼎泰豐所運用，進而成為服務業的成功標竿；但是當競爭者以更創新的精神注入時，這些標竿神話遲早有一天會被打破。最近的網路票選「台灣美食與台版的米其林美食」，鼎泰豐也只被評為兩顆星，反而是點水樓與食養山房都被評為五星級。這表示後起之秀無不時時刻刻虎視眈眈的想搶走「第一」的寶座，那麼，成功者怎能不時時精進、時時創新呢？

突破固定的思考框框

SWOT是分析競爭者的強點（Strength）、弱點（Weakness）、市場機會點（Opportunity）、威脅點（Threat）很好的工具，但是這個分析太聚焦於競爭者的分析，也太執著於現有的市場規則——尋找市場上競爭對手的優點加以學習跟進，分析自己的優點和市場機會點加以強化，分析自己的弱點和市場威脅點給予改進和克服……這樣的分析架構幾乎是每一個管理學院或商學院的學生都知道的理論；因此，你會利用此架構來分析你的競爭對手，你的競爭對手也會運用此架構來分析你。結果呢？你降價打折，競爭者也跟進降價促銷，你不斷改進產品以符合消費者需求，競爭者也會有樣學樣，彼此的競爭策略互相抵銷，最後得利者是消費者和經銷商。

就如百貨公司的週年慶大戰，台北新光三越和台北忠孝東路SOGO百貨的週年慶活動，業者表示：「賺了面子，賠了裡子。」SOGO百貨的週年慶，為期兩週的「買千送百」活動，雖然業績佔了全年的四分之一，行銷費用卻佔了全年總預算的二分之一，而業績卻只成長個位數。市場與消費者有限，大家爭相搶食這塊大餅，結果，業界所提出的促銷策略除了折扣戰還是折扣戰，最後消費者知道不再打折，便連週年慶也不購物了。消費者的胃口被養大了，因此百貨業者不得不慨嘆：「百貨業的微利時代已經來臨了。」

除了百貨業，同樣處於同質性微利競爭的行業，如電器業、便當業、傳統麵包店、西式早餐三明治、低價泡麵、包裝水與飲料，個人電腦業，許多傳統產業比比皆是。在成熟競爭市場裡，不僅商品同質，管理方法同質，最糟糕的是連行銷戰術也同質。

日本劍神宮本武藏在其晚年所著的《五輪書》裡說：「要誘使敵人中計，絕不可以重複同樣的招數。或不得已重複第二遍，但絕對不可以重複第三遍，必須出乎敵人的意料之外。當敵人認為是『山』時，就要設下『海』的圈套，當敵人認為是『海』時，就要設下『山』的圈套，這即是『山海之心』。」又說：「刀劍的招式若墨守成規，絕對不利，一成不變，必死無疑，有所變化才能存活。」「不可以硬性規定刀劍的握法和招式，一旦有了固定觀念，刀劍和生命便告死亡，因為對手不知道會在什麼時候、什麼方向、用什麼方法揮過來，所以你必須腦筋靈活，急速因應所有變化才行。」

走出傳統品牌的路

「比競爭者更好。」如果是以附加成本的方式進行，最後就會陷入「做白工」的窘境。就像台灣的便當店一樣，每天吃的便當不是排骨便當，就是雞腿、焢肉、魚排等等，在這樣同質性的競爭之下，一般的便當經營者大概只有兩條路可以走：一是降低各種可能的成本；另外一個是降低售價，盡量低到與同業相同或者更低。當一個行業走到這樣的路子時，就是步入死胡同了。**只能利用成本與降價來維持生存，就表示這個行業——不管是傳統產業還是科技產業——已經沒落，需要有創新的經營模式。**

大都是歐美品牌天下的服裝界，台灣品牌夏姿（SHIATZY CHEN）是世界上第一個以中國風加上西方剪裁方式，進入世界服裝品牌的台灣之光。二〇〇一年夏姿服飾巴黎門市正式開幕，成為第一個進駐歐洲的台灣時尚品牌。設計總監王陳彩霞認為：「東方設計若欲在西方時尚舞台佔有一席之地，首要之務是凸顯自身品牌的特色。因此，融入中國文化的意念與元素，定位為夏姿的經典風格，並與西方設計之服飾做出明顯的差異化。」二〇〇三年，亞洲《華爾街日報》評選夏姿為值得矚目之品牌；二〇〇四年一月，倫敦《金融時報》評選夏姿服飾為年度熱門時尚品牌之一，與來自全球的國際精品名牌並駕齊驅。

二〇一〇年在北京新春音樂會上，以〈忐忑〉一曲被網友PO上網瞬間爆紅的中國大陸歌唱家龔琳娜，就是以和別人不一樣的唱腔一炮而紅。雖然從小接受傳統的民族音樂教育，也從音樂學院畢業，一九九九年被授予民歌狀元，二〇〇〇年獲得了「全國青年歌手電視大獎賽民族唱法銀獎」和「全國觀眾最喜愛的歌手獎」，但是她卻不想被框限於標準的民族音樂唱法，不甘於千人一聲，決心唱出自己的聲音。

她在二〇〇四年下嫁給德籍作曲家老鑼，在德國的鄉下放下自己，重新尋找自己的音樂新生命，企圖為中國音樂注入西方元素，爆發出音樂的新生命。〈忐忑〉這首歌，有笙、笛、提琴、揚琴、大提琴等等樂器，運用中國戲曲的鑼鼓經作為唱詞，融合京劇中的老旦、老生、黑頭、青衣、花旦等等多種音色，在極快速中變化無窮，整首歌並無歌詞，只有「嗯、哦、唉、喲……」，此曲在二〇〇九年獲得了歐洲舉辦的「聆聽世界音樂演唱大獎」。

龔琳娜用新的方式詮釋中國的音樂，用自己的方式唱出自己的聲音。她走出傳統音樂的框框，不追求比別人好，只尋找自己與眾不同的路，因此在她新的音樂生命路上，她沒有別的競爭對手，她的競爭對手就是她自己。

當市場上的「差異化」黑馬

據《財訊》雜誌報導顯示，估計有兩千億營收的台灣早餐市場版圖，西式三明治早餐佔有八成的市場，然而這個市場也早已有歷史悠久的眾多加盟競爭者，如美芝城、弘爺、美而美、麥味登、呷尚寶等十數個品牌，二〇〇六年開始創業的拉亞漢堡，現在已經開了六百多家加盟店，是西式早餐店的黑馬，它也是在成熟與飽和的市場中以「差異化」成功的案例。

這幾年由於少子化的影響，台灣的幼教業受到很大的衝擊，九十二學年度以來，私立幼稚園曾經平均以每年五十%的速度關閉，但是勁寶兒嬰幼教育系統，卻選擇與一般幼稚園以三到六歲為主的市場做出區隔，以零歲至三歲為市場定位，在逆勢中成長發展為三十家的連鎖機構。

在日本，跟隨著龍頭老大7-ELEVEn走、一向都是第二大便利商店的羅森（Lawson），自從新浪剛史接掌了社長之後，推翻了「便利商店完全標準化」的規則；不跟老大7-ELEVEn正面敵對，而採取單點突破的方式，對於特殊點的店進行特殊化的改變，以便因應地區和消費群的不同，販賣針對市場消費者需求的商品，一改「完全標準化」的戰略，因此，讓羅森的店可以在許多單點上超越7-ELEVEn。十年來，羅森營業額從約一兆三千億到二〇一二年成長為一兆八千億，獲利從不到四百億日圓，至今已經突破六百億日圓了。

12

市場區隔 out in 創造新類別

創新的水平式行銷策略，是試圖去創造一個商品或行業的新類別，而不是垂直式的去切割，最普遍與簡單的方法就是利用結合（Combination）的方法。

在市場區塊裡稱王

「市場區隔是成熟市場的競爭利器」、「去找到一個別人無法攻克的堡壘」——

這是競爭力大師麥克・波特（Michael Porter）對「市場區隔」策略的陳述。寶僑家品是市場區隔戰略的成功實踐者，把市場切成一小塊一小塊，然後在那一小塊市場裡稱王，搶第一；中國大陸現在最熱門的行銷戰略話題，就是定位與區隔，尤其以艾爾・賴茲（Al Ries）和傑克・屈特（Jack Trout）等人在一九八一年出版所合著的《定位》（*Positioning*）這本書最為人所熟知，這本經典著作也成為許多創業企業家的必讀書籍。

這幾年新興的大陸市場因為快速成長，許多市場與行業已經漸漸成熟、或有更多的競爭對手，行銷策略上也漸漸由大眾化行銷走向小眾化行銷，甚至在某些行業上細分化和區隔化得比台灣還細、還徹底。

我認識一個在中國大陸鄭州從事醫美行業的醫生，她本人也是個創業經營者，她不僅把醫美市場細分化，還做得非常專業，甚至發展成連鎖企業；有專做雙眼皮的診所連鎖，也有專做豐胸的診所連鎖，以及專做瘦身的診所連鎖。在台灣，醫美的行業甚至沒有做得這麼細分與專業。

致力在市場區隔

市場區隔策略把市場區分化之後，就可以聚焦在一個市場區隔上，提供更專業與更優質的服務，因此也就更具有競爭力了。例如：一家西餐廳本來供應有美國大塊牛排、義大利麵、西班牙燉飯。垂直的行銷概念是把大塊牛排、義大利麵與西班牙燉飯個別切割開來，開家專門的美國大塊牛排專賣店、義大利麵專賣店、西班牙燉飯專賣店。例如：巧克力區分為送禮用包裝、解饞用包裝、家庭用大包裝等等。又例如：洗髮精區隔為男士、女士、嬰兒專用之外，還有生髮、養髮專用以及油性、乾性髮質、染髮、燙髮專用等等。

每一個特色性商品，在它的市場區隔內，對其特別設定的市場對象做出專業與專用的訴求。市場區隔（Market Segmentation）是分眾時代精準抓住市場對象的競爭策略，尋找一個敵人無法攻克的市場堡壘，利用縮小市場，縮小消費對象，縮小產品功能等，提供利基市場的消費者更專精、更特殊需要的商品。許多企業經常習慣於將市場對象依年齡、心理、區域、所得、偏好、特殊需求等等，切成（slice）一小塊一小塊的，在這小市場中集中力量，並且在這利基市場上努力成為第一品牌。

細分化並非萬靈丹

佳潔士（Crest）和其母公司寶僑家品（P&G）就是典型的善用市場區隔策略者。佳潔士的牙膏除了最原始的含氟之外，更發展出適合不同年齡、不同用途的牙膏，包括小孩、老人、抽菸、蛀牙、美白等等有三十幾款。佳潔士的一個產品經理曾經問過上級：「我們已發展出那麼多不同的牙膏，不會嫌太多嗎？」上級主管回答說：「我們嘴裡的牙齒有幾顆？我們牙齒有幾顆，就發展出多少種牙膏。」

但是佳潔士的市場區隔化策略並沒有讓它保持領導的地位，反而拱手讓給了高露潔（Colgate）。很讓人驚訝的是，每當佳潔士推出一種新產品，整個品牌的牙膏總市佔率就往下降，新的產品反而把佳潔士的市場給吞噬掉了。因為太多種產品會讓消費者不知道該如何選擇。反觀高露潔，因為包含各種可以美白、除垢、防蛀牙等功能，對消費者而言，反倒簡單，又容易選擇。

運用市場區隔策略的另一個後遺症是，當所有的競爭對手（包括陸續進來的市場新進者）都不斷地利用市場區隔策略後，市場將被分得愈來愈細，當然市場也變得愈來愈小，最後隨著競爭加劇，新產品不斷進入市場，細分化後的市場變得太小而無法獲利，或不符合投資規模報酬。在行銷、研發與固定的管理費用達不到經濟效益時，就無法獲利，甚至會虧損。由這個案例顯示出，傳統行銷學STP（Segmentation、Targeting、Positioning），意即市場區隔、銷售對象和定位的概念，並非競爭力的萬靈丹。

創新的新經營型態

創新的水平式行銷策略，是試圖去創造一個商品或行業的新類別，而不是垂直式的去切割，最普遍與簡單的方法就是利用結合（Combination）的方法。例如網路咖啡廳，則是將咖啡與網路連結創造了一種行業類別；85度C將蛋糕與咖啡結合，也創造了新的類別；健達巧克力，是玩具與巧克力的結合所創造出來的新產品類別；日本的擦鞋咖啡館，則是將咖啡與擦鞋結合，創新了經營型態。

結合旅遊和工廠，成為觀光工廠；將甜點與下午茶和咖啡結合，成為現在流行的甜點屋；將滷味和餐食結合成滷味餐廳；網路與電話、攝影等功能結合，成為智慧型手機；手機與平板電腦結合，成為Padfone。

「到沒有市場區隔的地方去開創新局，收穫會更大。」

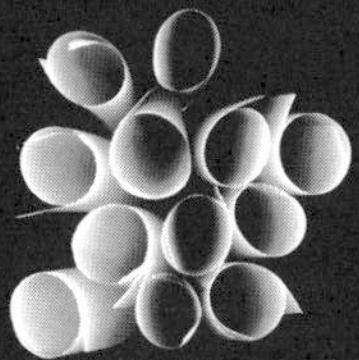

二

異類思考，激發創意的火花

13

垂直思考法 out in 水平思考法的產品創新

破壞性的水平思考，就是要把這些組成產品的「錨」去掉，或是否定掉，或取代，或變大變小，或與某種東西結合……

多元創新思考

垂直思考法的產品創新，大都以改進或更好的思維進行。以如何讓馬車跑得更快為例，讓馬跑得更快，把馬訓練得更強壯，或改用年輕的馬，或減輕馬車的重量，發明可以跑得更快的輪子；或訓練馬伕讓他把馬車駕馭得更好，讓馬車跑得更快。

但是，如果一直專注用垂直思考法來改善馬車，你可能只會創造出世界上跑得最快的馬車，但是你卻永遠無法創新發明不用馬的車子——汽車。如果你利用傳統的思維法來思考如何用算盤把數字計算得更快，那麼，也就不可能有計算機的出現。如果你運用傳統做麵包的材料與方法做麵包，那麼就不會有得到世界冠軍的吳寶春桂圓麵包。

如果光是運用傳統的思考法改進，你的競爭對手就很容易加以炮製與跟進，結果你們的競爭將是在一個框框裡做些微的改善，但卻是無止境的競爭。因此，水平思考法是一種破壞性與否定性的創新、破壞漸進式的思維邏輯，以及以反向的逆思維思考。

那麼，如何進行所謂的「水平思考的產品創新」呢？

先確立產品的「錨」（anchor），所謂的「錨」就是這個產品必需的特性。譬如一杯咖啡的「錨」就是咖啡豆、咖啡因；一台汽車的「錨」就是馬達、汽油、輪子、外殼、駕駛座、方向盤等等；花的「錨」就是會凋謝的花瓣。

破壞性的水平思考，就是要把這些組成產品的「錨」去掉，或是否定掉，或取代，或變大變小，或與某種東西結合。譬如咖啡的固定「錨」為咖啡因與咖啡豆，那麼把咖啡因拿掉，就創造出沒有咖啡因的咖啡。把咖啡豆拿掉呢？那就變成沒有咖啡豆煮出來的類咖啡的飲料。

曾經拿過南非產品創新獎的Red Espresso，就是將南非的國寶茶（Rooibos Tea）用類似Espresso的研磨方法以及Espresso的方法煮出，還有類似咖啡的許多調和式喝法，味道很濃郁，但卻是沒有咖啡因的飲料。

把花的固定「錨」改變，那就創造了花的新特性。譬如：不會凋謝的花，如乾燥花，或是如台灣首家花禮自創品牌——MFA，可保存一到兩年不會凋謝的鮮花。

鳳梨酥的固定「錨」是鳳梨醬或冬瓜醬的內餡，把這個「錨」去掉或替換掉，變大，縮小，結合，顛倒，取用別的概念。就如同得到「台北市創意鳳梨酥冠軍」的佳德蔓越莓酥，把鳳梨餡拿掉，改用蔓越莓餡取代。

蛋糕的固定「錨」是麵粉與奶油，水平思考後的創新產品，就是沒有麵粉和奶油的蛋糕，像是以冰淇淋取代的冰淇淋蛋糕。把傳統月餅的內餡拿掉以冰淇淋取代，就成了雪餅。

利用這種方法發想的創新產品，可能有以下例子：

無繩跳繩

不加汽油的汽車

沒有鍵盤的電腦

不用紙的書

沒有電腦主機的電腦

沒有服務人員的商店

沒有聲音的音樂

沒有喇叭的音響

沒有麵粉和奶油的蛋糕

不用煮的麵

創新經營的「錨」

另外，破壞式水平思考法也可以運用在商業模式上。如商店經營的「錨」是服務員、商店與商品；那可不可以創新經營不用服務生的商店呢？或者客人本身就是服務生呢？

餐廳的經營最重要的「錨」是廚師和用餐空間，那可不可以有沒有廚師的餐廳呢？或者餐廳沒有用餐空間的呢？所有的餐點都是外帶或外送的呢？

會計事務所最重要的「錨」是會計師，那麼可不可以有不依靠會計師的會計師事務所呢？譬如以販賣會計服務軟體商品為主，會計師則變成會計顧問師的輔助功能的會計師事務所呢？

中古汽車買賣最重要的「錨」是汽車與展示場地，那有沒有可能創新發展出一種在網路上展示中古車與交易的平台呢？

還有，水平思考的方向也可運用在產品的消費對象上，把原來的舊消費者的「錨」打破，換為新的或被忽視的消費者。譬如，尿布不是嬰兒用的，而是給老人用的成人紙尿布；在日本有專門給男性用的胸罩，就是打破傳統胸罩給女性用的「錨」。

另外，給寵物預防牙周病的牙齒清潔用品，也是打破了牙齒清潔的使用者——人類的「錨」。

創新突破一鳴驚人

水平思考法、商業模式、市場對象的產品創新，雖然是一種破壞式的創新，其創新的難度當然比傳統性的創新來得高，且風險也大得多。但是一旦成功，卻可能帶給產業新的突破，或是創造了一個全新的市場。

請跟著試想看看，舉例如下：

給男性專用的美容品

給小女孩專用的化妝品

給寵物喝的運動飲料
給寵物住的旅館
陪伴單身男人的伴睡女孩
給沒錢買跑車的年輕人的跑車
給沒錢買冰箱的人的冰箱
消費力有限的年輕人的精品品牌
兒童專用沐浴乳、洗髮精

對於現有行業的價值重新定義，並且給予新的價值的想像和假設：

1. 哪些因素可以刪去？
2. 哪些因素可以在行業標準之下？
3. 哪些因素必須在標準之上？
4. 哪些因素在這個行業從來沒有被提供過？

異類結合思考法（intersection）

這是個異類融合的時代：跨領域的融合，跨文化的融合，跨國界的融合，跨主題的融合，兩個不相類屬的東西結合為創意的基礎時代。將兩個不同性質、不同類別、不同領域、不同文化的東西相連結，產生出新的概念、新的類別、新的產品、新的商業模式。

通訊融合網路與攝影功能形成智慧型手機；手機和平板電腦結合形成華碩的變形金剛；地球人和潘朵拉星球的納美人的戀情，架構了賣座二十四億美元的《阿凡達》電影主題；在美國，暢銷超過一千萬本、亞馬遜網路書店近十年來最佳好書的《暮光之城》（*Twilight*），述說一個狼人家族和正常人類的故事和愛情。

把刀子、鑽子、螺絲起子、開罐器等小工具加以結合，設計成瑞士小刀；把錄音機和走動這兩個概念結合起來，設計出了隨身聽；將香腸與麵包結合成熱狗；木頭與石墨結合成鉛筆；摩斯漢堡等於漢堡加米飯；支票等於承諾加金錢；訂婚戒指是鑽石加黃金；笑話是可預期的加上不可預期的；紙杯是紙加杯子；床墊是彈簧加墊子；書等於紙加墨；膠囊咖啡是咖啡和膠囊的結合，優格汽水是優格加汽水，外送披薩是交通工具加披薩，冷凍披薩是冷凍技術加披薩。

衝擊出新的創意火花

在辛巴威首都哈拉雷（Harare），建築師皮爾斯（Mick Pearce）建造了一棟不裝空調設備，卻又合用、漂亮的Eastgate辦公大樓，他的建築作品就是向非洲的白蟻學習而來的智慧。在非洲的平原，白天的溫度可以超過攝氏四十度，晚上則可以到攝氏零度；白蟻的蟻丘必須維持攝氏三十度左右的溫度，才能培養出一種維生的真菌；白蟻卻能巧妙地利用微風，從蟻丘底部引進涼風進入濕泥構成的蟻丘，再把經由冷卻的空氣送到蟻丘頂，靠著這樣建造寬敞的通風口，卻能夠精確地調節溫度。皮爾斯的創意，就是一種異類結合的創新表現，將建築與生物科學結合，衝擊出新的創意火花。

吐出金色球狀的蜘蛛的絲之強韌度，是鋼鐵的五倍，運用其基因技術後，則可以創造出超強韌的手術用縫線、運動衣、安全氣囊、釣魚線等等。另外，利用貝殼強度的原理，將其運用在坦克的裝甲上；將紙和羽毛的概念和技術結合，成為可以防水的紙；將紙與蛋殼的概念和技術結合，成為可吸油的面紙……這些都是利用異類知識結合的概念所創發出的新產品。

富士軟片在軟片市場沒落後，將軟片的技術轉移到女性美白的化妝品之上；膠原蛋白用在美肌，抗氧化的技術轉移用在抗老化，奈米的技術運用讓保養品更容易被肌膚吸收；這樣的轉型不僅讓富士起死回生，更讓富士企業的市值達到一百二十六億美元。

異類結合的例子

一份美食與菜色要創新突破，也可以利用異類結合的概念。譬如，將紅豆與香腸結合，創造出萬丹鄉著名的紅豆香腸；將烏魚子和香腸結合，成為烏魚子香腸；將香腸與米腸結合，成為士林夜市著名的大腸包小腸；將生蠔與芒果冰淇淋結合，成為美國紐約生命之泉（Aquavit）三星級瑞典餐廳的著名主菜；將雞排加上酥炸粉再加上科學麵，成為台南陸清脆雞排妃店的招牌餐點；印度咖哩焗義大利麵，成為西餐廳的一道特色美食；鳳梨加起司蛋糕，成為網路新品蛋糕評比最有創意的蛋糕。

吳寶春的「米釀荔香麵包」，又名「荔枝玫瑰麵包」，參加二〇一〇年世界盃麵包大師賽時的「國家特色」麵包，米釀荔香麵包選用台灣在地食材，如彰化縣芬園鄉的荔枝乾、屏東縣三地門鄉的原住民小米酒、南投縣埔里鎮的有機玫瑰花瓣，再加上核桃和老麵，這些異類的結合讓他取得了世界冠軍寶座。

位於宜蘭縣礁溪的樂山溫泉拉麵，原本開店前一年生意清淡，但自從發想了可以一邊吃拉麵、一邊泡溫泉的創意後，很快就造成話題並且吸引電視台前來採訪，生意變得非常興隆；老外牛肉麵店是伊朗人大衛將台灣牛肉麵加上從伊朗進口中東的香料，因而成為台北的特色美食店；二〇〇八年參加台北市牛肉麵節創意組競賽冠軍的洪金龍師傅，他創造了名為「求婚」的牛肉麵，以天然紅麴為佐料加入番茄、木瓜、洋蔥，其目的是為了增加牛肉麵的膳食纖維，另一方面又用洛神、仙楂、陳皮、烏梅、甘草入味，平衡人體酸鹼值，喜氣紅色食材帶點酸甜滋味，正符合「求婚」的意涵。

不尋常的創意點子

奧圖碼（Optoma）是由一家著名的投影機科技產業公司和文創產業的琉璃工房合併，合併後業績成長十六%，獲利達一億六千萬。這是異類產業結合成功的案例。

日本麻野井英次醫生和山越憲一工程教授合作研發工程醫學儀器，以往醫學儀器都是複雜且難以使用，山越教授決定將醫學儀器和現代電子以及網路結合，並且在操作上更簡單；當山越教授和一群醫生第一次進行關於工程醫學的簡報時，還被醫生們譏笑他不懂得醫學；然而，這更堅定了他要讓醫學和現代科技工程結合的信念。因此，他創發一系列的現代醫療器材。譬如，可以在馬桶上做生物的檢測，從尿液和糞便中就可以馬上做的電腦分析；資料顯示每年有許多老人在浴缸裡死亡，因此他發明了可以在浴缸中測量心臟的跳動；睡覺時，一張鋪在人體下方的毯子，則可以遠距偵測老人或病人的心跳、血壓和體溫。這些醫學工程的成果，就是醫學與工程科學的結合。

異類結合法也是一種水平式的思考法，其思維是將異類的元素結合在一起，不照邏輯推演的一種異類思考法。一個笑話為何會讓大家發笑，是因為笑話的主軸依照非預期的路線走，或再轉折插進另一個概念。一部讓人印象深刻的電影，除了打動人心的感人故事之外，經常是因為重大情節中有著非邏輯性的變化。新的點子如果是連結相近的既有點子，它的創意便很有限，愈是不尋常的組合，就愈有創意。

14

堅持原創 out in 點子都是偷來的

擷取他人的點子是個過程，是達到創新超越的一個必要步驟……

向大自然學習

「太陽底下沒有新鮮事。」人類的智慧與創意，很多都是源自大自然的複製或啟發。人類發明的雷達就是啟發自蝙蝠。蝙蝠是一種全盲的動物，卻能在黑暗的洞穴中自由飛翔，此乃有賴於一雙耳朵和其喉嚨所發出的聲波，聲波發射出去後碰到物體反射回來，牠的耳朵就能聽音辨別物體的大小和距離，這種回聲探測物理的方法就叫作「回聲定位」。一九三五年，英國的科學家羅伯特．沃森．瓦特（Robert Watson Watt）從蝙蝠身上得到啟發，因而發明了雷達。

我們日常生活中常常使用的魔鬼氈，乃源自於瑞士的工程師梅斯特拉爾（George de Mestral）的創意。一天他到阿爾卑斯山區遠足，回來後發現衣服上沾滿芒刺，他好奇地用放大鏡觀察，發現芒刺長了很多小倒鉤，鉤進衣服的纖維裡，很難拔掉。他從自然界這種巧妙的設計裡得到靈感，經過幾年的研究，終於發明了比傳統拉鍊更密合、更方便的魔鬼氈。

日本的體育用品經銷商鬼塚喜八郎，從章魚的八角吸盤中想出了讓鞋底具有吸盤的構造，可以防止鞋子打滑。另外，土撥鼠的前腳大大的，很會挖土，而且上面還有又長又尖的爪子，所以總能挖得很深，後來人類就從土撥鼠身上得到靈感，發明了挖土機。

法國的艾菲爾鐵塔，總重量達一萬零一百公噸，等於一千八百隻非洲象的重量。塔高三百多公尺，比大多數高樓還高；它是由一萬八千零三十八根鐵條構成，而這個創意就從人類大腿骨的構造聯想出來。人類的大腿骨裡面有很多像泡棉般的小孔，因為有這些小孔，身體重量的壓力才會被分散掉，所以不怎麼厚重的骨頭才能支撐我們的身體。

鴨子的腳趾和腳趾間有蹼，可以鴨子用蹼打水，讓牠快速前進；雖然鴨子在陸地上走得很慢，可是在水裡因為有蹼而能游得很快。人們因此模仿鴨子的蹼，創造了蛙鞋。

人類的許許多多發明和智慧都是向大自然「擷取」來的。大自然蘊藏著無窮的智慧，是人類創意發明的素材。

在佛布茲（Peter Forbes）所著的《壁虎腳底的高科技：仿生學向大自然取經，設計未來》（*The Gecko's Foot: Bio-inspiration: Engineered from Nature*）中提到：「二十世紀末，人類科學家與工程師終於領悟到這一點，開始學習大自然的奧祕，致力發展『仿生學』。觀察出淤泥而不染的蓮葉表面，發展出奈米馬桶、不沾污的牆壁塗料與玻璃。模仿超級強韌的蜘蛛絲，想織出防彈背心、高強度繩索與醫用縫線。學習壁虎腳丫子的超級黏附力，一圓『蜘蛛人』飛岩走壁的夢想。研究蝴蝶翅膀與孔雀羽毛的虹彩色澤，製造出取代電晶體的光子晶體。解析蒼蠅在二十分之一秒內直角轉彎的飛行控制力，《奈米獵殺》（*Prey*）小說裡的微型飛行載具逐漸成形。模仿蜂巢、鯨魚骨骼以及白蟻巢穴等生物結構，引領新時代建築的功能與造型。」

創意也來自於複製

湯瑪斯．愛迪生一生有一千種的發明，當他八十幾歲時記者問他：「你認為你一生中最了不起的發明是什麼？」愛迪生竟然回答：「對不起，我的發明沒有一樣是了不起的。我覺得世界上最偉大的發明，其實並不是什麼龐然大物或複雜的機器，而是一株青草，人類到目前為止都無法從骯髒的泥土中製造出一棵綠芽，而且不斷地成長、茁壯，生出綠意盎然的枝葉，以後還會開出繽紛的花朵，等到花朵凋謝後，便結出香甜可口的果實。最令人驚訝的是，這一部機器連一點聲音都沒有，因此我覺得最偉大的發明，不是人為的機器，而是上帝的傑作：一株青草。」

創意本來就取之於「複製」，向大自然學習複製，向別人的創作學習然後複製，從別人的創作中產生靈感再加以改變、改進或連結。

愛迪生在一八七九年發明了電燈，但是燈泡的構想並不是源自於愛迪生，而是在一八五四年時亨利．戈培爾（Heinrich Göbel）把一根碳棒放在真空管裡，看到它在一瞬間發出白光，愛迪生也擷取了佐伯特的發明。剛發明時的燈泡有兩個很大的問題，一是燈泡壽命不長；二是燈泡裡有空氣。後來在一八六五年赫爾曼．施普倫格爾（Hermann Sprengel）推出了水銀真空管的唧筒；結合了赫爾曼．施普倫格爾和亨利．蓋斯勒（Heinrich Geissler）的唧筒（pump）理論，十四年後愛迪生的實驗室團隊才推出了真空管的唧筒。並且經過數年的改進，才把燈泡裡的碳絲改成鎢絲。

從別人那裡偷點子

路易・巴斯德（Louis Pasteur）是法國著名的微生物學家，他以「否定自然發生說」並倡導「疾病細菌學說」和「發明預防接種」的方法而聞名，他也是第一個創造狂犬病和炭疽病的「疫苗治療法」（Vaccine Therapy）的科學家。但是疫苗治療理論並非由他最早提出來，而是愛德華・詹納（Edward Jennner）。他利用牛痘使人體產生免疫力去治療天花。巴斯德用這免疫理論去推演，並運用於霍亂和狂犬病的試驗上而成功，因此確定了「疫苗治療法」。

蘋果電腦的賈伯斯在一次訪談中承認，蘋果也偷過別人的點子。如麥金塔的圖像式使用者介面，是當年賈伯斯參觀全錄的帕羅克研究中心（Xerox PARC）時，得到啟發想出來的。賈伯斯也說：「有時候，你想要創造出最偉大的產品，你就必須先從別人那裡『偷』點子。有時候你需要改造，也有時候你需要發明。但重點是，打造一個偉大的產品，就像是從宇宙中的任何一處『擷取』最好的元素；必要的話，還必須厚顏無恥的把它們偷過來，並把它們拼湊在一起。」

從模仿競爭對手開始

有許多的傳聞推測，當初85度C的咖啡與精緻蛋糕結合的創新商業模式，是參考高雄「金礦」的點子後並加以改進，而且利用加盟形式快速展店，不僅在台灣發展成功，又前進大陸。

大陸山寨白牌，乃指中國大陸品牌和無品牌之產品，或是產品出廠後並未掛上自己的標誌，而是給通路商販售並貼上通路商的Logo，包括手機、平板和電腦等等產品。據大陸通路商的評估，在中國大陸，光是白牌平板的廠家就超過一百家。IDC（International Data Corporation）市場調查顯示，二〇一二年全球出貨量達到五千萬台，佔領三十%的市場。這些白牌幾乎都複製了一線知名品牌的外型和功能，甚至有些還更能符合消費者的特殊需要。有些白牌的Logo甚至複製得與名牌相仿，不仔細看還看不出來。但是因為這些白牌沒有名牌的廣告與宣傳費用，因此價格可以比名牌便宜許多；由此可知，白牌的手機與平板電腦特別受到社會新鮮人與小資男女的偏愛。

小米機即是最近竄紅的手機，也是擷取了名牌手機的一些點子，由於靠網路直接販售給消費者，因此少了中間商的分成，更可以以名牌一半的價錢販售，促成小米機成為不比名牌差太多的產品。韓國的轉型成功策略，就是以模仿競爭對手出發，然後再超越競爭對手，最後終結競爭對手。

在中國大陸方便麵市場上已輸給龍頭老大「康師傅」半壁江山的統一，一個新品「老壇酸菜牛肉麵」讓統一在方便麵市場中大舉反攻。二〇一一年的營收為三十億人民幣，二〇一二年的銷售額達到人民幣四十億元。康師傅的「陳壇酸菜牛肉麵」也緊接著推出，該年銷售額也有人民幣十五億元，市佔率也有二十五%。雖然康師傅在酸菜牛肉麵的市場是跟進者，但趁老大還羽翼未豐時，就緊接著跟進敵人成功的腳步。所以即使在酸菜麵的市場不是老大，但還能保有老二的地位。

偉大從模仿開始

畢卡索的名言：「傑出的藝術家靠模仿，偉大的藝術家靠盜竊。」

「模仿」是創新的元素，也是創新與創意的中繼站，但是我們得記住，這只是一個中繼站，最後還要從「模仿」裡改變與創新。因此，「模仿」便有了下列幾個原則：

1. 由模仿出發，但是比競爭對手更早進入市場，或是快快搶攻市場成為第一。
2. 由模仿出發，再創新超越。
3. 由模仿出發，然後將概念與模式用在不同的市場對象或地區。

「創新未必是發明，有時候需要別人的點子。」已經是全世界最大的中文網站、擁有五億用戶、市值高達五百億美元的百度，創辦時曾經被許多人譏笑是谷歌的中文版，連網頁格式都和谷歌一模一樣。雖然谷歌後來也進軍中國，可是為時已晚，完全無法和百度競爭。

二〇一二年，在中國創造高收視率並掀起一股旋風的節目「中國好聲音」，即是浙江電視台向荷蘭製作的「荷蘭好聲音」的Talpa公司購買版權。Talpa公司將製作的節目格式化，以便販賣製作版權，並且將成功的節目製作成標準化的「聖經」，授權給其他公司。而被授權的公司必須全盤照抄「聖經」的作業手冊，不僅所有的Logo要一樣，就連歌星的走位也得亦步亦趨；節目的宣傳海報上評審的手勢也都要相同。

雖然它們的節目點子是完全複製，但是卻創新了獲利的商業模式。除了電視台與製作公司合作分紅外，它們還簽下選手的經紀約，然後再把簽約後的商演變成共同的利潤。另外與中國移動合作將選手演創過的歌製作成鈴聲下載；且歌手和參賽者可以參與股東，讓他們在演出時能更加認真。在最後一場上海體育場的冠軍總決賽，現場擠進八萬名觀眾，光門票收入就有人民幣七千兩百萬。

市值已經超過十億的德國Roket Internet公司，就是專門複製全球網路公司的山寨王，它們在全球各地設立分公司尋找複製對象，快速複製後，就將公司賣給原來複製的公司或本土的買家，它們甚至曾經複製過美國Zappos、亞馬遜、臉書、YouTube、Groupon等等知名網站。

松下電器公司的高級主管都有同樣的共識：「進步是從模仿開始，但它不是原創的產物。唯有超越模仿、製造更高技術的產品，企業才能存活。這是經濟戰爭的鐵律。」擷取他人的點子是個過程，是達到創新超越的一個必要步驟，但是還得懂得如何去改變，而且要比它更好，甚至要超前。

15

創意是點子發想

out

in

創新是熱情＋行動力

有了點子與創意，只是創業的開端而已，離事業的成功還有很長與很艱辛的路要走。

創業的開端

傑弗瑞・提摩斯（Jeffry A. Timmons）和史帝芬・史賓奈利（Stephen Spinelli）合著

的《*New Venture Creation*》提到：「創業家除了有偉大的點子（great idea）之外，更需要有人性的精力、活力與驅動力；缺乏了這些，即使他的後面有很豐沛的資源和員工，事業也可能會失敗，或根本就不會起步。」

「有才氣的音樂家、科學家以及有潛力的運動員，不等於偉大的音樂家、科學家以及運動員。其差異在於無形的『創意』、『聰明才智』、『承諾』與堅持不懈的『決心』，以及想要贏得成功與超越自我的熱情、領導力和團隊力。」

創意（creativity）和點子（idea）不等於創新（innovation），**創新和創意與點子最大的差異，就在於創新要有化為行動的可行性。**空有創意、沒有熱情就沒有驅動力，也就沒有非完成不可的決心與行動力。

「第一個想出點子的人未必會贏，贏家都是搶先做的人。」創新需要加速的抓住機會趕快實行。長久以來，矽谷的創新研究者與企業家都知道，好的想法和好的技術不一定會贏；贏家都是搶先「做」的人；那個第一的人，就是動作最快的人。

贏家大都先搶市場的第一，然後再快速地學習並修正，然後再上市另一個更好的產品；當競爭者要進入這個市場時，它的另一個更優良或改善的新商品已經都準備好了。

這種快速「搶先」需要具備三個技巧：一，一種持續尋找機會的態度與性格；二，在許多階層裡大膽的管理決策；三，一支有效的執行團隊。

創意背後的備案

創新除了創造力和搶先的速度之外，還需要注意兩件事情：一是要有備案。微軟在推出Windows 98之前，已經有一百個備案。因此，在推出創意案子之前，你不能只有樂觀的想法，還要有「萬一」失敗的準備，所以你必須有許多的備案；二是如何篩檢對的點子，並且付諸實踐。

有了點子與創意，只是創業的開端而已，離事業的成功還有很長與很艱辛的路要走。因此，對於一個新創業家而言，創新的商品、創新的商業模式都需要經過嚴格的檢視過程，否則新的創意反而是風險最大的冒險行動。創新不只是點子的發想而已，它必須要能夠被檢驗、被評估，而這必須建立一套制度透明的流程。創新不是天馬行空，也不只是勇敢的放大膽子去冒險。

根據美國產品開發與管理協會（Product Development and Management Association，簡稱PDMA）調查新事業的耗損率：七個點子，四個進入開發階段，一．五個上市，一個成功。四十六%的研發費用花在無法提供報酬率和被淘汰的產品上。另外調查也顯示：擁有卓越的前置作業的新產品或事業，成功率為七十五%，相較於缺乏前置作業的三十一．三%，成功率高出許多。

古柏（Cooper）、克萊因施密特（Kleinschmidt）等人的研究報告指出，獨特化商品的成功率為九十八%，無差異化商品的成功率只有十八．四%。獨特化商品的獲利目標十個有八．四個可達成，無差異化的十個只有二．四個可達成。但是扎實的前置作業可以使產品的成功機率增加四十三．二%。

所謂「關卡理論」

下圖是簡述古柏和克萊因施密特所提出的關於新產品上市的「關卡理論」概念：

Stage-Gate 新事業開發流程模式

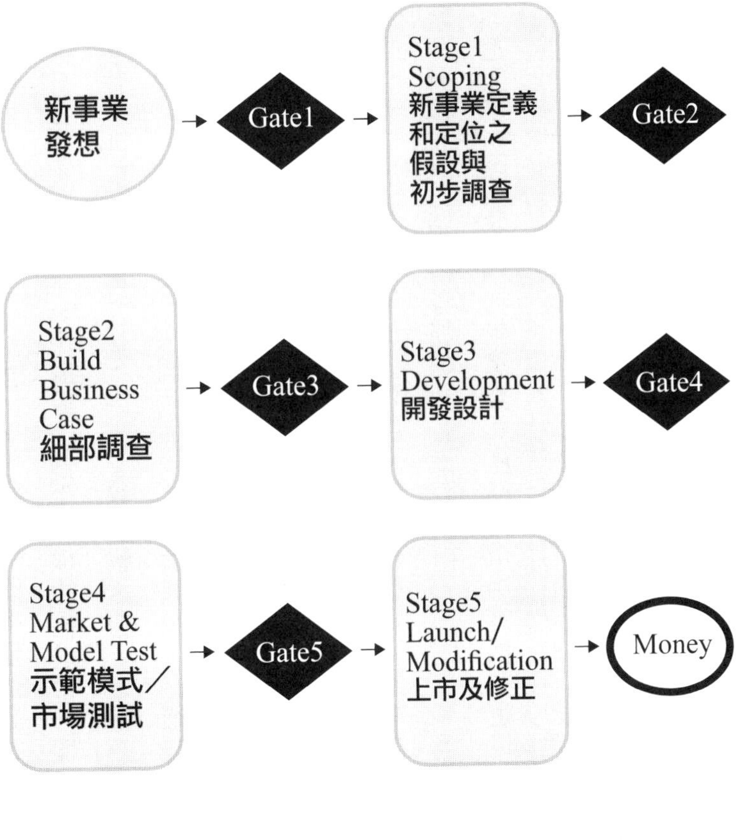

創新的創意如果缺乏一道嚴謹的過濾和篩檢過程，失敗率是很高的，甚至高於傳統的市場區隔法；因此創意形成之後，不能像一個生產線的輸送帶一樣，一定要從頭跑到最後；或像是製作糕餅的隧道爐一樣，一上了線，輸送帶一定要一直走下去直到有成品出來。「關卡理論」強調的是，一個產品的概念形成後，必須經過層層的關卡把關，當這個新概念無法通過每個關卡的檢驗時，就必須停止，重新修正，如果無法通過這五個關卡和五個步驟的檢驗，那麼這個創意就要被擱置或停止。

當一個新事業或新產品發想之後，第一個關卡就是一定要經過公司的跨部門高層會議討論，到底這個新產品、新事業對於公司的貢獻度與投資報酬率如何？有沒有符合公司的發展策略？有沒有掌握到市場趨勢？有沒有技術上的困難等等。經過這一關的審核之後，才能進入第一階段的「初步調查與產品的市場定義與定位」。經過初步的市場、消費者、競爭者的資料收集後，必須做好市場的定位和消費者消費利益的訴求點等等的一些假設。然後再進入第二個階段的審核；如果認為基本的定義與假設不符合市場需要或無法找出市場利基，這時候，就必須停止下一個步驟。

如果通過這一關，就可以繼續進行下一個步驟的「細部調查與分析」，進行市場研究與調查之後，再經過審核；審核通過就能夠進行公司籌備與經營規模的研究；然後再進行實際的市場測試與研擬市場行銷策略與生產計畫；之後再經審核通過，就可正式上市營運。

整個「關卡理論」的操作是非常複雜與縝密的，幾乎所有的知名企業都有自己的關卡流程與作業；在這裡我們無法詳細說明其理論的細部操作與方法，但是要特別強調的是；我們必須認知清楚，一個新創事業或新產品的失敗率是很高的，必須經過嚴密的檢驗，即使只是一家小公司或一個新創事業的菜鳥，都必須嚴酷檢驗你的點子；我們看過很多具有創意的狂熱份子，他們經常是瘋狂的執著於自己的創意，充滿了幻想；甚至還排拒市場研究分析的檢驗或結果，把自己關在一個夢想的空間與世界。尤其是那些創新的技術者往往更為執著，總是要等到實際市場無情的打擊後，才會覺醒。可是那時候卻為時已晚，不僅花費了許多時間與金錢，也浪費了很多組織的資源，才學會了一堂「失敗學」的課程。

創業家必須勇於冒險

我們經常鼓勵年輕人要勇敢冒險。「努力去冒險嘗試，因為你沒有什麼好損失的，為什麼還要等待呢？」（Go for it! You have nothing to lose. Why wait?）但是創業家要知道，失敗的創業家是將創意等同於機會（idea＝opportunity），成功的創業家則是不把創意等同於機會（idea ≠ opportunity），而且他們只聚焦於對的機會。英特爾（Intel）的執行長安迪·葛洛夫（Andy Grove）有兩個主張：第一，創新的領導者必須要聚焦，必須有所為與有所不為。就像當初他放棄了DRAM的製造，而聚焦於微處理器的事業，這是一個困難的決定，卻能夠讓公司的研發資源集中於微處理器；第二，創新領導者必須勇敢的「自廢武功」，放掉原有的產品或市場，轉換新事業、新市場、新產品。另外，創新者必須要有能力做好風險評估與管理的工作。不要以創新之名，無視於別人的批評，而成為堅持己見的「頑固份子」，要了解各種風險的預防之道。畢竟，創新仍然存在著很大的風險。

16

專注於原有產業 out in 跨足到新的產業

對於那些眼界無法打開而陷於泥淖中的人，比爾．蓋茲說：「不會游泳的人，就讓他沉到水裡吧！」

如何再創高峰？

×××公司創立於溫州，是全中國最大的海蜇皮公司，銷售通路透過經銷商鋪貨到三千多點的傳統市場與超市的末端通路，再販售到消費者手中，十多年來沒有強大的競爭對手，等於獨佔市場，享盡優勢與利潤；但這三、四年來，已有許多競爭對手進入，並且以低價及給經銷商更好的折扣來蠶食市場，×××公司的市場佔有率已從八十五%降到三十%。雖然如此，×××公司仍然擁有許多優勢，譬如有最大規模的加工廠，可加工許多海產類，優秀的研發人員、設計企劃人員，以及三千多個經銷點。試想，你如何替這間×××公司找出脫離困境的良方，再創高峰呢？

這是我在中國生產力中心舉辦的「流通業顧問師班」課程中，給學員出的一道題目。創新創業家的你面對這道題目，會如何回答呢？大部分的學員是這樣回答的：「在品質與服務上再下工夫，做得比競爭者更好，向消費者做宣傳廣告、建立品牌，讓消費者指名購買這個產品。」

但是看看以下兩個國際型企業重新轉型與定位的案例，也許你就會有不一樣的解決方案了。

1. 可口可樂

可口可樂在一九八〇年代遇到了強敵百事可樂，尤其百事可樂在推出「新世代」（New Generation）廣告計畫後，可口可樂的市場佔有率更是不斷的下降；當羅伯特．伍德羅夫（Robert Woodruff）掌舵可口可樂時，他向公司的高級幹部問說：「可口可樂在消費者『胃容量』的佔有率是多少？世界上每一個人平均要喝六十四盎司的流質液體，而可口可樂又佔了多少百分比呢？實際上，可口可樂在消費者『胃容量』的佔有率是少於二%。」

因此，可口可樂在羅伯特．伍德羅夫的領導下，重新定義了事業的價值和企業經營範疇（Business Scope）；不再侷限於可樂的市場，與百事可樂短兵相接，改將眼光投注在「飲料的胃容量」；另行發展各種品牌飲料的市場；並且因應各地和各市場不同的需求，推出不同口味與形式的飲料。

目前可口可樂公司已發展出美粒果（Minute Maid）、芬達（Fanta）、佛雷斯（Fresca）、雪碧（Sprite）、美樂耶樂（Mello Yello）、皮蕾先生（Mr. Pibb）、勁（Powerade）、水果園（Fruitopia）、達桑尼（Dasani）瓶裝水、怒江（Mad River）、星

球爪哇咖啡（Planet Java Coffee）等三十多種品牌、口味的飲料。在台灣，為了搶攻龐大的茶飲市場，更推出了爽健美茶與「原萃」日式綠茶等。除了可口可樂外，它創造了三十多條產品生命的創新曲線。可口可樂因為重新定義了企業的範疇，專注在飲料事業而非侷限於可樂一隅，才能讓可口可樂從一個被威脅的領導者，轉型成一個價值的製造者。百事可樂的傳奇也就此消失了。

2. 福特汽車

當福特汽車專注於汽車本業時，淨利只有四%，和一間雜貨店沒兩樣，後來福特汽車重新定義了企業的範疇，由一家汽車販賣公司擴大為「汽車整體壽命的維護」後，便將事業版圖延伸到汽車貸款、汽車維修、換車服務、中古車買賣以及其他服務等等，大大改善了福特的獲利與股價。

突破創新的公司不僅要在原有的事業和產品上改進，更要重新定義企業的經營範疇，創造新的企業群。

小品牌翻身成功

愛馬仕（Hermes）和古馳（Gucci）原本都是做馬具的公司，一次世界大戰之後，才開始轉型做精品皮件。但是超過半世紀以來，它們已不再只是一家製造馬具、皮件的公司，更成了世界知名的精品公司。

就如瑞姆．夏藍（Ram Charan）和諾爾．提區（Noel M. Tichy）在所著的《每個企業都是成長的企業》（*Every Business Is a Growth Business*）中所提的概念：「沒有一家公司成熟到不能成長，沒有『成熟市場』和『成熟事業』這回事，重新定義企業，把企業放到一個比原來大二十倍的池子裡。」「不讓公司倒閉的最好方法，就是讓公司成長。」

聯合訊號公司（Allied Signal）前執行長賴利．包熙迪（Larry Bossidy）說：「成長是一種心態，一種能力。」

讓企業不斷成長的五個重點概念：

1. 沒有「成熟市場」或「成熟事業」這回事。

2. 不是所有的成長都是好的，不要只是為了成長而成長，或為了成長而犧牲利潤、投資報酬率，或者把未來的利潤都在現在用盡。
3. 成長是公司領導的精神象徵，是領導者的精神、眼光和理念。
4. 成長是一種平衡的發展，需要注意到成本、品質、產品的發展週期、生產效率、投資報酬率等等。
5. 成長比不成長更少風險。

品牌連鎖系統提高口碑

塔可鐘（Taco Bell）在約翰．馬汀（John Martin）擔任執行長時，把它重新定義為不只是賣墨西哥食物的餐廳，而是界定為「從事快速服務的餐廳生意」，亦即提供更快速、更方便的食物，之後又擴大為「餵飽人們肚子的生意」，因此，這個企業的「池子」從一個八百億美元的市場擴大到八千億美元的市場；塔可鐘的業績從一九八四年的十億美元歷經十年，到了一九九三年已成長四倍至四十億美元；現在塔可鐘在美國五十個州已經約有六千家連鎖店。

統一企業於一九六七年由高清愿先生與朋友合夥創立，從生產麵粉、飼料開始，經過四十多年的發展，如今統一集團已擁有不少國際品牌的經營權，如7-ELEVEn、星巴克、家樂福、無印良品、多拿滋（Mister Donut）、樂清服務（Duskin）、酷聖石冰淇淋（Cold Stone）等等。另外，統一也有自創品牌的企業，如統一夢時代購物中心、康是美藥妝店、速邁樂加油中心、二十一世紀風味館、統一速邁自販（自動販賣機）、博客來網路書店、統一度假村、伊士邦健身俱樂部、統一速達（宅配，日本用語稱為宅急便，與日本大和運輸合資）等等。整個集團營收至二〇一三年可望超過四千五百億台幣。

從一九九〇年創立王品台塑牛排開始，王品集團現在已擁有王品台塑牛排（Wang Steak）、西堤牛排（TASTY）、陶板屋（和風創意料理）、原燒（優質原味燒肉）；聚（北海道昆布鍋）、藝奇（新日本創意料理）、夏慕尼（新香榭鐵板燒）、品田牧場（日式豬排．咖哩）、石二鍋（石頭鍋．涮涮鍋）、舒果（新米蘭蔬食）等十幾個品牌，年營業額已達五十億台幣。

瓦城泰統集團創立於一九九〇年，目前擁有三大知名餐飲品牌：瓦城（泰國料理）、非常泰（概念餐坊）、1010湘（湖南料理），旗下五十多家直營分店遍及台灣北中南，可稱之為台灣最大的東方料理集團。

中國大陸的雲南白藥公司，本以生產雲南白藥為本業，但現在不僅生產雲南白藥，更已跨足化學原料業、中成藥、中藥材、生物製品、保健食品、化妝品、飲料的研製、生產以及銷售。二〇〇九年營業額已達七十一．七億人民幣。十年內一直有三十%的成長。二〇一二年的營業額估計有一百二十五億人民幣。在雲南白藥的品牌之下，已有三百個品種，營業額上億的產品已有七項。最近銷售火紅的產品——雲南白藥牙膏，更已突破每年二十一億人民幣的營業額。

當森林資源最豐富的芬蘭紙廠都面臨裁員整併的困境時，永豐餘集團董事長何壽川說：「隨著歷史的成長和不斷演變，必須配合時代環境的改變，繼續往前走。」永豐餘看到了傳統紙業受到網路和電子閱讀的挑戰，開始轉型成為控股公司，並投入金控、科技與生技投資，而且這些新的事業獲利都已超過紙業。例如投資的電子紙元太科技，二〇一一年的稅後淨利就達六十五億元，比永豐餘本業高出兩倍。

台鹽企業本是曬鹽、賣鹽的，從二〇〇〇年後就開始轉型，涉足美容、生技以及健康食品，營業額曾經高達三十六億，年獲利曾達十．三億左右。

「擴大市場」的經營策略

擴大市場「池子」（Broaden the Pond）的策略，是和攻佔「市場佔有率」相反的策略（Antithesis）；市場佔有率的競爭是看到現在「池子」裡的競爭對手。擴大市場池子的策略，則是跳脫目前「企業框框」的策略。把眼光只放在競爭者身上和現有市場的爭奪，反而讓你忘記了外面更龐大的市場，以及更多的消費者需要。

一個企業需要隨時調整自己的策略，沒有一個企業是夕陽企業，企業遇到了競爭瓶頸時，也不一定要執著於和競爭對手進行你死我活的爭奪，企業存活與消長全看你如何因應與調整經營的策略與眼光。如果只限界於舊的思維和框框內，企業就不會有更開闊的境界。對於那些眼界無法打開而陷於泥淖中的人，比爾．蓋茲說：「不會游泳的人，就讓他沉到水裡吧！」

創業成功與失敗，企業成長與萎縮，端視「企業經營者的心態」（mindset），以及不斷學習和吸收的習慣。

17

聚焦台灣 out in 要有世界觀的心態和視野

創新創業家們，不能再做井底之蛙或存有鴕鳥心態，必須大步向前，心懷世界。當你在發想新產品、在塑造品牌時，就要以全球為目標，別再侷限於「台灣」這小小的兩千三百萬人的市場。

品牌的長期定位

佛家言：「願有多大，力就有多大。」同樣的道理：「沒有第一的精神，就沒有第一的品牌。」「沒有創新的精神，就沒有超越的商品。」

這十幾年來台灣的經濟與企業經營的瓶頸，正是「台灣」這個品牌的創業家內在觀念出了問題：只追求短期獲利；追求快錢；不求突破創新，只求企業生命與利潤延續；只看到西進大陸，沒有世界性的眼光；只想當me too，不敢妄想第一。

想一想，韓國前總統李明博下台演講時，竟然大膽的說出：「韓國將成為『世界的中心』。」十幾年前國民所得才只有台灣一半的國家，如今竟然超越了台灣，走進了世界舞台，而且如此狂妄地說出這樣的「大話」，不禁讓台灣的新創企業家重新定義自己的心胸和視野。

泰國在一九九七年遭受金融危機後，積極地推出「世界廚房計畫」，它是第一個有計畫地輸出飲食文化的亞洲國家。因此海外泰國餐廳數量從一九九〇年的五百家，到二〇〇〇年達五千家，二〇〇五年達七千家，二〇〇九年達一萬三千家，到了二〇一〇年時，已增加至一萬五千家，積極地把泰國的飲食和文化推廣至全世界。

不但如此，泰國食物的相關產品出口更已超過一百億美元，相當於三千億台幣，這個數字比一家科技大廠的出口業績還高。反觀台灣和中國大陸，雖然有深厚的餐飲文化基礎，台灣也有很好的服務業潛力，可惜在服務業與文化的國際化推廣上，總是顯得企圖心、積極度不足。

中式餐食國際化尚值得一提的，是創始於美國加州的中式速食餐廳熊貓速食（Panda Express），是美國最大的中式速食餐廳，遍布美國三十七個州，有一千多家分店，營業額高達十億美元，員工有一萬多人，熊貓速食的經營有點像自助式，兩道菜包括一份主食是五．八美元，三道菜是七．〇五美元。雖然熊貓速食餐廳已經開了一千多家，但是其口味以美國人的飲食習慣為主要考量，很難被吃慣真正中菜口味的華人所接受。除了熊貓速食之外，美食王國的大中華地區應該要努力去發展許多國際化的美食連鎖企業。

國際化競爭時代來臨

這是一個國際化競爭的時代，在台灣每種行業、每種產品都有國際化的品牌滲透，這些國際化的品牌更大大威脅著本土品牌的生存。不管是手機、汽車、摩托車、化妝品、藥品、服飾、運動鞋、休閒鞋、珠寶、精品、咖啡與咖啡館、速食漢堡、炸雞、披薩、飲料等等各式各樣的產品，幾乎都是國際化品牌的天下；甚至連衛生紙、衛生棉、洗髮精、牙膏等等日常生活用品，也都是國際品牌的天下。不僅電影，就連電視節目都被外國文化入侵家庭；本土品牌再不創新突破，打開視野，突破框架，生存的空間將漸漸萎縮。

看看歐美日韓，正在不斷創造品牌，提升商品價值，不斷把自己放在世界經濟鏈的上線，而我們卻仍是供應勞力、供應零件，讓這些國際品牌可以創造附加價值，然後再把這些品牌產品回銷給你，賺取高利潤，而我們永遠是這些國際品牌大廠的「賺錢工具」；然而，台灣卻還有許許多多的創業企業家，以賺取代工的微薄利潤沾沾自喜，甚至譏笑那些正在努力自創品牌者：撒下了那麼多資金，投資報酬率卻輸給他們代工的，何必那麼辛苦自創品牌呢？這種短視近利的企業家，永遠只能做別人的供應鏈、別人的「代工奴隸」。

曾經接觸過一位三星公司的在台經理，他說：「在韓國，如果你還是做代工的，而不往自創品牌之路前進，你將被所有的企業唾棄。」新創企業家如果還沒有世界觀以及旺盛的企圖心，將是台灣經濟最大的災難。

以全球作為品牌發想

羅伯特．G．古柏（Robert G. Cooper）在所著的《新產品完全開發手冊》（*Product Leadership*）中就提到：以本土設計且以本土為目標市場的產品，其成功率為三十三．一％；以本土設計與鄰近區域為市場目標的成功率為四十五．五％，如果是國際化設計以鄰近市場為目標，則成功率為七十八．一％；若是以國際化設計與本土為目標，市場的成功率為六十一．五％，如果是以國際化設計並且以全球市場為目標，則成功率就高達八十四．九％。因此增強國際化的產品設計能力和商業模式，不僅可以把事業推向國際舞台，還可以減少新創事業失敗的風險。

創新創業家們，不能再做井底之蛙或存有鴕鳥心態，必須大步向前，心懷世界。

當你在發想新產品、在塑造品牌時，就要以全球為目標，不然至少也要以亞洲地區為發想對象，別再侷限於「台灣」這小小的兩千三百萬人的市場。

這是台灣這個品牌需要全盤創新的關鍵時刻，但願今天台灣的新興創業家能發大宏願，開啟台灣企業創新升級的新里程。

為什麼品牌一定是大企業的專利呢？

台灣芒果甜度十五度以上的外銷芒果，最高等級的最多也只有六%，台灣輸日第一大芒果農——林富斌與林亞賢父子，他們的愛文芒果就佔了其中的四成。台灣批發市場的芒果是一公斤約七十元，可是他們的芒果卻可以在日本東京的便利商店賣到一斤約新台幣一千八百元。精確的生產管理流程和品質管理，讓他們的芒果不僅高於一般的水果合格率五十%，而且更高達七十%；這是台灣芒果成為世界品牌的案例。

實固實業的董事長施龍井先生，將鷹架行業專業化、企業化，客戶除了有李安與張忠謀之外，連泰國、越南、西班牙與杜拜等國的工程也採用他的產品，鷹架外銷達六十幾個國家。

歇腳亭從一九九二年的一家紅茶小鋪起家，現在直營與加盟店不僅西進中國大陸的北京、上海、廣州、深圳、香港、澳門等地，而且遠攻紐約、杜拜；還向南前進至新加坡、大馬、菲律賓、泰國、汶萊，甚至踏足澳洲。

85度C至二〇一二年，兩岸直營與加盟連鎖店已經超過七百家，且擴點至美國及澳洲。

台灣聞名的小籠包專賣店——鼎泰豐，除了在台灣有九家店之外，分店也已拓展至中國大陸的青島、北京、上海、天津、杭州、寧波、成都以及香港等地，還長征至美國、日本、新加坡、印尼、南韓、澳洲、馬來西亞以及泰國等國。

台灣大車隊把四面八方的司機組織、管理起來，建立了計程車第一品牌。莊記𩿆采烏魚子可以做到產銷履歷驗證，做到藥物殘留檢驗，無人工色素和防腐劑，甚至外銷日本。得意中華這個滷味品牌可以打進中國大陸，並且建立滷味博物館。而紐西蘭的Kiwi奇異果、美國香吉士柳橙皆可以行銷全世界。

品牌不是大公司的專利，也不是只聚焦於台灣與中國大陸。任何產品都可以建立品牌，以標準化生產，也可以實施品質管理，任何產品都有機會世界化。

18

創新商品 out in 創新的商業模式

一家店能否成功，除了產品外，還要考慮消費者的價值主張，消費者不只是因為美食而來消費，也有可能是因為「方便」，因為「品牌故事」，因為「時髦」，或者因為「健康」……

創新不是獲利保證

據《台灣光華雜誌》報導：「台灣的發明實力堅強，年年在紐倫堡、匹茲堡等國際發明展上奪得大獎，世界經濟論壇在《二〇一一至二〇一二全球競爭力報告》中稱譽，台灣平均發明專利數（每百萬人獲頒美國專利數355.7）超過美國（339.4），是全球第一，創新也成為新經濟的驅動力。」「近年來在七大國際發明展上，台灣代表團屢獲佳績，以歷史最悠久的德國紐倫堡、瑞士日內瓦發明展為例，已兩度蟬聯團體總冠軍寶座。」

但是擁有了專利不代表就能帶來財富，要將專利轉變成商品，然後行銷包裝成暢銷的商品，還有很漫長的路要走。即使有了資金，突破了量產化的技術，也順利將產品推出市場了，卻未必能夠暢銷；即使這商品能暢銷了，也不保證能為企業帶來獲利。換句話說，創新的專利未必能成為商品，創新的商品也未必是創新事業成功的保證。好的商品只是企業獲利的一個必要條件，但不是充分必要的條件。

「創新並非只專注在最新進的技術上，發展新的商業模式與策略也同等重要，甚至比創新技術更重要。」

《創新地圖》（*Making Innovation Work*）這本書提到多數人對於創新的誤解時，如此說明：「對，創新也會賠大錢。」「大家最常犯的錯誤是：只要創新公司就能成長。波音公司在推出波音777商務客機後，成為全球商務客機的典範，然而波音卻沒有因此就穩住龍頭老大的地位。二〇〇四年空中巴士的市場業績迫使波音不得不讓出老大的寶座。」因此創新不能只侷限在新產品與新技術。

創造成功的商業模式

依據亞歷山大·奧斯瓦爾德（Alexander Osterwalder）和伊夫·比紐赫（Yves Pigneur）等人所著作的《獲利世代：自己動手，畫出你的商業模式》（*Business Model Generation*），闡述關於創新的九個層面為：一，消費者區隔（Customer Segments）；二，價值主張（Value Proposition）；三，通路（Channel）；四，顧客關係（Customer Relationships）；五，收入來源（Revenue Streams）；六，主要資源（Key Resources）；七，主要活動（Key Activities）；八，主要合作夥伴（Key Partnerships）；九，成本結構（Cost Structure）。

創新可以從以上九個層面的任何一個層面出發，但不管你從哪一個層面出發，都得考慮到其他八個要素。舉例來說，**iPhone**的成功並不只是產品創新的因素而已，尚且包括其準確的切進了社會中認為自己是時尚與前端的消費對象，並且提供了產品的創新消費者價值主張，還有創新的宣傳方法、通路模式、供應鏈模式、利潤模式以及成本控制等等。

當hTC的M7上市時，王雪紅親自說明hTC在創新技術上絕對不輸給蘋果與三星，只是在溝通上沒有做好；但是實際上，蘋果與三星的成功不僅是在產品與溝通上的創新成功，並且也在其他八個層面創新。

《獲利世代：自己動手，畫出你的商業模式》的九個創新層面，是要提醒新興創業家兩點：

第一點，創新並不只限於產品的創新；其他如尋找新的消費族群，創造新的通路模式、供應鏈模式，創新的宣傳方法、產業活動以及顧客關係等等，都是創新的活動。

IBM放棄在電腦硬體上的競爭，將自己公司轉型為整體方案的服務公司，這是價值主張上的創新；星巴克咖啡提供給現代忙碌的都市人第三個空間，這也是消費價值主張的創新；寶僑家品將本來在企業內部研發的活動轉到外部委託研發，也是一種主要活動的創新；小米機不透過中間商，直接在網路上銷售，因此可提供低廉的價錢給消費者，這是一種通路上的創新；《THE BIG ISSUE》雜誌不透過傳統的中間商、書店和書報攤的通路，直接在捷運出口和各大車站出入口靠街頭販售朋友直接販售，一本售價一百元，讓街頭販售者抽五十元，這是一種通路上的創新；惠普的彩色影印機，可以以低廉的售價賣給消費者，而靠往後的訂購彩色墨水維持持續性的利潤來源，是一種收入來源的創新；研發老人手機，切入手機市場的藍海，則是一種市場區隔的創新；Cama咖啡的小坪數現磨咖啡館，大部分的業績靠外送和外帶；王品牛排提供給消費者美好的服務體驗，是一種顧客關係的創新；蘋果電腦可找到配合良好的供應商，是一種供應鏈上的創新；鴻海可以提供最低成本的代工，是一種成本上的創新；阿吉師日本料理讓客人站著吃，以小小的空間坪數創造超高的獲利，則是創新價值、創新通路、創新資源以及創新活動等等的創新。

第二點，不管你從九個層面的哪一個創新角度出發，都要連帶的考慮到其他八個層面的連動性。譬如手機找到了創新的新區隔——老年人對象，那麼對老年人而言，當然就有別於年輕人的品牌和產品的價值主張（Value Proposition），像是銷售給老年人的通路不一樣，銷售方法與售後服務方式不同，售價不同，與電信公司合作的方法不同，供應鏈也不同等等。

多角度地探討成功模式

台灣的中小企業，可能是代工做太久了，不是把大部分的心力放在產品的製造與研發，就是認為建立了品牌知名度就能脫離代工的模式。殊不知，**除了產品與品牌的考量之外，一個產品要能夠成功獲利，還有很多層面需要考慮，也就是商業模式的整體考量。**

服務業與開店也是一樣，除了產品外，商業模式的整體考量更為重要。我的經驗裡，常見許多創業者明明有了很好的產品卻無法經營獲利。以餐飲業來說，即使有了非常自信與美味的美食，還是有很多無法持續經營而以失敗收場。尤其是廚師出身的創業家最多，這些自認「內行人」的創業家總認為，只要能做出美味的料理，就能創業成功獲利，其實這種思維和眼光是非常狹窄的。一家店能否成功，除了產品外，還要考慮消費者的價值主張，消費者不只是因為美食而來消費，也有可能是因為「方便」，因為「品牌故事」，因為「時髦」，或者因為「健康」，因為「美麗」，因為「氣氛」，因為「異國風味」，因為「價格」，甚至因為「身分」等等價值因素才來消費。

除了價值主張外，商店通路的模式也是要考量的重點，例如要坐落在哪一個商圈位置、坪數大小等等。另外，如顧客關係、供應鏈、合作夥伴、收入與利潤結構等等都很重要。整體而言，就是要做一個總體的商業模式考量。

很多科技業或製造業總以為「技術」上創新，就是企業成功的保證，但實際上卻不然，除了創新的技術外，還有很多商業模式的元素必須要去考量和創新，否則離成功獲利還有很大一段距離。

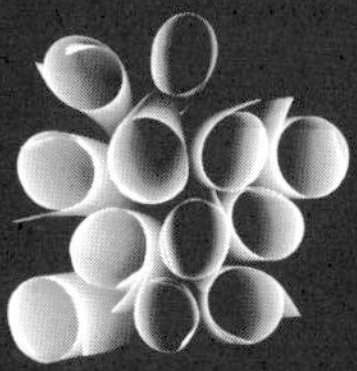

四

成就第一，創造核心競爭力

19

實體世界可能有唯二

out

in

消費者需要唯一

創業家要盡量讓自己在一個行業裡成為第一名，或在一個市場區隔裡成為第一名，或在一個商圈裡成為第一名，或在一個產品類別上成為第一名。

消費者只記得第一名

「第一名和第二名不是差一位，而是有本質上的差異。」「運動競賽中，大家只記得金牌。」如果有兩樣同類別的商品讓你選擇，一個是第一名，一個是第二名，在沒有預算的考量下，你會選擇哪一個呢？答案應該是很明顯的，你只會選擇第一名。

因此，如果在資訊很清楚且很容易取得，購買通路也很直接方便，價錢則不是消費者的考量，那也只有第一名可以生存；如果有第二名存在，那麼第一名和第二名之間的差距也會很大。不僅消費者會選擇第一名，而且也只會記得第一名。

但是為什麼第二名會出現呢？根據艾爾．賴茲和蘿拉．賴茲（Laura Ries）在所著的《網路品牌法則》（*The 11 Immutable Laws of Internet Branding*）中的解釋是：「那是因為零售商在中間使力，任何一家零售商都不願意讓某種產品類別的領域中只有一家供應商；否則的話，它們就只能讓這家供應商予取予求；有第二品牌在一旁虎視眈眈，第一品牌就不會亂作怪。」「但是，網路社會可不是這麼一回事，現實，才是網友的第二選擇。」「如果那個市場群雄並起，那是因為那個市場老大尚未出現，並不意味著不會有老大。」

除了網路上只有老大之外，實體市場終將會只有老大或老二存在，老三、老四等等將與老大的距離愈拉愈遠，甚至老大與老二之間也會有很大的落差。因此大家都想去想搶老大的位置，而且消費者也特別喜歡老大。

截至二〇一三年三月，全台便利商店總家數共有九千八百九十三家；7-ELEVEn有四千八百四十九家，市佔率達四十九%，7-ELEVEn門市在國內的主要競爭者，如全家便利商店家數兩千八百五十三家，市佔率約二十八．八三%；萊爾富家數一千兩百九十家，市佔率約十三%；OK家數九百零一家，市佔率約九．一%。7-ELEVEn的市佔率比老二、老三加總起來還要高。

取得「第一的位置」

沃爾瑪公司（Walmart）是世界零售超級市場的大巨人，光是二〇一一年在美國的營業額，就高達一萬四千五百億美元，比老二、老三、老四加起來的營業額還高：老二是克羅格公司（Kroger），六百五十億美元；老三是喜互惠公司（Safeway），三百三十億美元；老四超價商店公司（Supervalu），則是兩百三十億美元。

在手機市場中，二〇一三年第一季的全球手機市佔率，三星二十七．五％，諾基亞十四．八％，蘋果八．九％。二〇一三年第一季智慧型手機市佔率，三星是三十三％，蘋果是十七．九％，LG是四．九％，華為是四．八％，中興是四．五％。手機的市場也是老大與老二獨霸的天下。

在美國，非酒精類的飲料截至二〇一三年第一季，可口可樂的市佔率是四十三％，百事可樂是三十一％，其他飲料加起來是二十六％。

二〇一〇年全球的運動鞋市場佔有率，耐吉三十一％，愛迪達（Adidas）十六％，銳跑（Reebok）六％，彪馬（Puma）七％，紐巴倫（New Balance）六％，僅僅耐吉和愛迪達就囊括了市佔率的四十七％。

在美國，二〇〇八年咖啡的第一品牌是福吉世（Folgers），市佔率為二十一．六％，第二名是麥斯威爾，市佔率為十四．六二％，第三名是星巴克，市佔率為九．七五％。老大福吉世是老三市佔率的二．二倍。

淘寶網取得了中國大陸的優勢統治地位，它就像是網路上的沃爾瑪公司，對所有人都造成威脅，每天瀏覽量高達四千萬人次，網站流量超過亞馬遜，排名世界第一；

雖然到二〇一二年才成立九年，可是線上交易金額達兩兆台幣。

中國如家酒店是中國大陸最大的經濟型酒店，在中國大陸一百多個城市中已超過一千七百家，市佔率是二十五%，它是利用直營、加盟方法快速成長。原本在二〇〇九年時才五百二十家，其快速的擴充成長為的就是要與敵人盡快拉開距離，穩居「第一的寶座」。

在中國大陸，最大的旅遊網站是「攜程網」，只要顧客在網上一按「確定」，廠商就要付它六十塊人民幣的費用。

咖啡連鎖第一名是星巴克，沒有強勁的第二名。在漢堡市場上麥當勞是第一，也沒有強勁的對手。在炸雞市場上肯德基是第一名。至於披薩市場則是必勝客位居第一名。

在台灣市場上，85度C是咖啡蛋糕的第一名，第二名是誰？也許很多人都不知道。牛排連鎖，則是西堤與王品為第一名，沒有強勁的第二名。泰國料理，則是瓦城第一名。

市場上還有其他許多行業的第一名獨霸的例子。第一名是消費者所鍾愛的，因此創業家要盡量讓自己在一個行業裡成為第一名，或在一個市場區隔裡成為第一名，或在一個商圈裡成為第一名，或在一個產品類別上成為第一名。

區隔市場中第一，小眾的第一

一個蛋糕，七個品項，全台三家工廠，四家門市，以及靠著宅配通路，一天下來據估計可進帳百萬的阿默蛋糕，專注於只做蛋糕；不像其他烘焙業，有麵包、有蛋糕、有鳳梨酥等等，一家店至少有三、四十個品項。

「做烘焙，有人說像是在做流行時裝，但阿默做的是西裝布料。」堅持簡單專一的阿默蛋糕創辦人周正訓認為：「只要專精做一樣，扎根下工夫，不管是做紅燒鰻、餛飩，只要品質顧好，生意一定會上門來。」食品科學系畢業的他，在開發第一款輕乳酪蛋糕時，光是在調整紅豆餡的甜度，就整整花了一年的工夫，反覆地測試，找出糖、油以及蛋白配方比例和烘焙時間的完美「臨界值」。

消費者的記憶是有限的，消費者只會記得第一，最多記得第二，第三、第四根本就不清楚了。艾爾．賴茲和傑克．屈特所合著的《定位》這本書的概念，即是強調要聚焦在一個市場領域或產品類別上下工夫，努力成為業界的第一。

許多大排長龍的店不就是這樣子嗎？在網路上火紅的搶手商品不也是這樣子嗎？它們大都是專精在一個品項，並且在這個品牌上成為第一。因此在這網路口碑快速傳播的時代，也只有第一才能成為唯一。

鬍鬚張魯肉飯不是速食業的第一，卻是滷肉飯中的第一，我們很多人一定不知道誰是老二、老三；嘉義的福義軒蛋捲在食品界只是個小咖，但卻是全台蛋捲的第一名，那誰是第二名和第三名呢？微熱山丘的土鳳梨酥是全台土鳳梨酥的第一；佳德是蔓越莓鳳梨酥的第一；La New是氣墊鞋的第一，你大概也不知道第二名和第三名是誰吧？

市場上有人做，就不能做了？

我們常聽到有些人向他的朋友或主管提出創新事業的構想，但總是有人會吐槽的說：「這個商品、這個行業已經有人在做了。」意思是向他潑冷水說：這個行業已經有競爭對手捷足先登了，再想一些別人還沒做過的吧！

市場上有人在做或有很多人在做的行業，難道就不能做了嗎？一個成熟的市場就不能再進入了嗎？星巴克咖啡進入市場時，咖啡館的市場不是已經很成熟了嗎？王品牛排創業時，牛排市場不是早就充斥很多競爭對手了嗎？三星進入智慧型手機市場時，也已經有了諾基亞和摩托羅拉了，不是嗎？成熟市場能不能創業，端看你能不能在這成熟的市場中創新並且做到No.1。

第一名的商機無限

放眼市場上各行各業都有競爭者，難道就沒有了創業的商機和空間嗎？你只要在市場上尋找還沒有第一名的，那就是你的商機所在了。

牛排市場是一個成熟的市場，但市場上缺乏一個「真正」第一，王品牛排則以創新的服務與管理成為第一。小火鍋也是個成熟市場，競爭者雖然很多，但還沒有一個第一，王品推出的石二鍋正企圖在此掄元。

誰是義大利麵的第一呢？誰是便當店的第一呢？誰是青草茶的第一呢？誰是三明治的第一呢？誰是肉圓的第一呢？誰是切仔麵的第一呢？誰是女鞋通路的第一呢？誰是餛飩麵的第一呢？誰是醉雞的第一呢？誰是幼兒園的第一呢？

還有很多的市場和商品都缺乏真正的第一名，新興創業家還有很多的機會，不是嗎？

不論你在市場佔有率上是否已取得第一名，首先要在顧客的滿意度上得到第一名。只要消費者滿意，口碑自然就會傳出去，事業自然就發展起來，第一名也就是你的了。

只要你下工夫，不貪賺快錢，專精的研究，專精的走下去，路就是你的。這和我們現代人求快、求效率、賺快錢的心理是不一樣的。

商圈中的第一

努力在一個小商圈中成為第一，或是在某個夜市裡成為第一，在一個社區裡成為第一，或者是成為那個地區的代名詞，像是基隆廟口的甜不辣、彰化的阿璋肉圓、埔里的Feeling18度C巧克力工房、新北市金山廟口鴨肉、石門的劉家肉粽、內灣的阿婆野薑花肉粽等等。

如果你做的是微型事業，只要在一個小市場區塊裡成為第一，就可以算是成功了；當在一個市場小區塊成功後，名聲便會漸漸遠播，市場也就會愈做愈大了。

類別中的第一

佳德的鳳梨酥並不是第一，但是它的蔓越莓酥卻創造鳳梨酥之外的一個新類別，在這類別裡，它是第一；麵包達人並不是麵包界或烘焙界的第一，但卻是健康高價的麵包類別中的第一；舒酸定牙膏在預防敏感性牙齒類別中是第一名；現在下訂要一年之後才可供貨的魏記圈圈叉叉夾心餅，也是在一個產品的類別裡面創造第一。

La New是國內氣墊鞋品牌類的第一名。海倫仙度絲是去頭皮屑洗髮精類的第一名。落建是生髮類的藥劑和洗髮精的第一名。白蘭氏雞精是雞精的第一品牌。統一的四物雞精則是女性雞精市場的第一名。

把事情做到極端，創造第一

全錄試圖研發低噪音的影印機，那不算什麼，研發一台沒有噪音的影印機才有大創意。在台北與宜蘭有數家店的So Free柴燒比薩與起司專賣店，老闆李守智堅持每家店要造一個窯爐，窯所需的燃料則來自果農修剪後的龍眼木，並供給廚房把披薩的原始美味全部呈現出來。做一碗粉圓要去遍詢台灣僅存的澱粉廠，找到最純粹的地瓜粉，實驗過數十種黃豆、糖蜜、冬瓜、洛神花乾，甚至連煮豆子的壓力鍋都要仔細研究，還要開農場種地瓜，開工廠做地瓜粉，這就是台中豆子甜品店老闆追求極端的執著。台灣人在濟南養和牛，用魯西的黃牛養，喝泰山的礦泉水，用玫瑰酒替牛刷毛，一公斤賣到八百元人民幣，不僅是賣得最貴的牛肉，而且是牛肉料理的第一名。

20

一致看好的 out in 大家所忽略的

同樣冷門的行業、傳統的行業以及被看不起的職業，卻出現了許許多多的創業英雄；那些曾經被視為不夠「高尚」的行業……其實卻是創業的好利基。

品牌一夕紅遍全台

「二〇一二年十月十九日，在善化區開幕的麥當勞旗艦店，週末假期連續三日業績衝到全國第一，二十日開幕促銷當日創下四千名顧客，這出乎了大家的預料和想像，也跌破了連鎖行銷專家的眼鏡。」

「二〇一二年星巴克在沙鹿開店，在這人口只有八萬五千人的小城市，在開幕期間業績竟然超過全國所有分店的平均業績，排隊人潮超過百公尺，最久需要排隊七小時，才能買到咖啡。」

「總人口只有七萬八千人的台中大甲，這個知名小鎮算是三級城市，但二〇一三年一月，星巴克在大甲開店，結果造成轟動，不僅店內客滿，店門外也排了長長的人龍……摩斯漢堡、麥當勞、肯德基等大品牌看到了這個商機，也都紛紛跑到大甲開店了。」

「雲林斗六人口數才十萬，鎮上連一家百貨公司都沒有，『法米甜點』賣的聖人泡芙、檸檬塔、蘋果千層酥等甜點，平均價格百元起跳，一個甜點在當地可以買到兩個便當，一個西點麵包在當地也不過二、三十元，一粒肉圓也只要二十五元，可是這家甜品店居然可以生意興隆，假日更大排長龍，不乏從台北南下朝聖的人，附近停車場都不夠用。」

「二〇〇一年，北海岸出了一個創業的傳奇故事。在一個總人口只有兩萬兩千人的萬里，開了一家亞尼克菓子工房，令人出乎意料的是生意非常興隆，許多客人不遠千里，來到萬里這個北海岸的鄉鎮，只為吃一客下午茶和蛋糕，隨著報章雜誌和新聞的報導，這裡成了萬里繼野柳之後必來的景點。」

其他諸如小地方、小商店卻爆紅全台灣的，還有南投的微熱山丘土鳳梨酥、三峽的金牛角、嘉義的福義軒蛋捲、羅東的諾貝爾奶凍、清水休息站的小林煎餅等等。「在熱鬧地方開店，在有消費力的地方搶市場。」這是以往創業的觀念，但是以上幾則報導都是在人口不多的小鎮爆紅的新聞，**它們的爆紅跌破了許多創業顧問專家的眼鏡，也顛覆了許多商圈評估的觀念。**

創業市場競爭激烈

人口多、所得高、消費力強、交通便利、媒體運用方便等等，這是創業者評估一個創業市場的重要條件。但由於一般的創業家都抱持這種觀念，因此，大家一窩蜂的往所謂的一級城市，或一級戰區，或一級商圈搶市場。

結果呢？那所謂的一級戰區、一級市場或一級商圈卻充斥著許許多多的競爭對手，不僅市場被爭相瓜分，消費者被搶來搶去，好商圈、好店面也要搶，人力資源也要搶，結果為了搶奪市場，獨特性要比別人強；為搶奪顧客行銷，則成本要增加；要搶好商圈，則租金要調高；為搶好人力，薪資福利要最好。

結果呢？營運成本高，管理成本高，行銷成本高，甚至銷貨成本、物料成本都要拉高；在發展有限、競爭激烈、成本又高的市場，本來就是一個生存的殺戮戰場，也不知有多少的創業家在這裡鎩羽而歸。

《水滸傳》中，一百零八條好漢個個是英雄，但你能記得幾個？「及時雨」宋江、「玉麒麟」盧俊義、「智多星」吳用、「豹子頭」林冲、「行者」武松、「花和尚」魯智深、「黑旋風」李逵、「小李廣」花榮、「入雲龍」公孫勝、「霹靂火」秦明……以上只不過是十個人，那還有九十八條好漢呢？大部分人只會記得十個左右或更少。雖然其他九十八條好漢也個個勇猛，但是我們大部分人卻都記不住。

在一級戰區裡，如果你不是很有獨特性，就會被行銷的武林高手所淘汰，如果你沒有好的宣傳和新聞性，就會被爆炸的訊息所淹沒。就像你在一級城市裡開一家火鍋店，除非你很有特色，否則你會被淹沒在「店海」中；但是如果你開在三級城市裡，只要稍有規模或特色，再加上小小的宣傳，店家的知名度很快就會被傳播出去。

就如「法米甜點店」的老闆、也就是創業三姊妹的老大——李嘉敏，她留學法國，回台創業時，正在躊躇到底要把店開在台北或斗六，她曾經如此的盤算過：在台北租金高、競爭激烈，比資金、比經驗、比管理，則相對不具優勢。如果開在斗六，競爭者少，各種成本相對較低，只要稍具特色，在這地方小鎮的知名度馬上就傳開來了；如果開在台北，可能就在強敵環伺的市場中被淹沒了。

這些在地方上熱爆的商店與商品，如果是在一級戰區的台北，會不會一樣的火紅呢？如果它們不是先在小地方火紅，又要怎麼感染到全台灣呢？

「選擇熱門的行業創業」，這同樣也是選擇行業的迷思。有一句諺語說：「台灣錢淹腳目。」意思是說台灣到處有賺錢的機會；但也有一句諺語說：「台灣無三日好光景。」這句話是說台灣的生意人只會一窩蜂搶熱潮，大家爭相進入熱門行業，結果市場很快就飽和了，於是好光景便不再了。

逆向商機思維

另外，譬如不將民宿開在風景區，而開在新竹科學園區附近，吸引科技人士假日時前來休閒。譬如將中國長城腳下明清時代的房屋改建為飯店，專租給外國人，也都是為了避開競爭的殺戮戰場，尋找逆向商機的一種創新思維。

阿蘇爾航空（Azul），是巴西最近崛起的一家小型航空公司，專門跑大航空公司不想跑的航線，僅僅四年之間，就搶攻了一成的市佔率，許多小地方因為機場跑道太短，大飛機無法起降，這正好給予阿蘇爾航空鑽營的機會，它不用大型的波音737客機，而是用巴西自製的小飛機，機師只要稍加訓練，即使是比較小的機場，跑道雖較短，也能夠安全起降。阿蘇爾航空預估其每年成長率將繼續維持在十至十五%之間。

還有曼谷航空公司也是一例，它於一九八九年開始營運，當時無法與泰國國際航空公司做競爭。但是十三年後，曼谷航空公司大賺錢，但是泰國航空公司卻經營不善。曼谷航空的策略就是不跟大型航空公司一樣飛大城市，專飛熱門大城市以外的小地方，自己建立機場，掌握了獨門獨家的路線，而且九十%的客人都是外國人。

市場轉移

美容市場一直以來好像都是女性的專屬市場，但是物換星移，美容業「重女輕男」的局面已經改變了。日本在二〇〇八年男性護膚商品的營業額，已經比前期成長了十七・六%，達到一百七十六億日圓。但同期整個化妝品行業卻只成長了〇・二%。這表示男性美容市場是美容業的一片處女地。

大塚製藥（Otsuka Pharmaceutical）在二〇〇八年開始進軍日本男性市場，甫推出約二十美元的護膚乳液即大受男性消費群的歡迎，不到半年，業績就突破十億日圓。

繼大塚之後，花王（Kao）、資生堂（SHISEIDO）和高絲（KOSÉ）也紛紛搶攻男性市場。看好男性美容市場，許多男性美容雜誌也紛紛出刊，甚至多達幾十本。還有電器廠商也來搶攻市場，如松下電器便陸續推出男性除毛機、修眉毛機和男性美容專用電子產品等。

就像手機市場一樣，在一級戰區的美國與歐洲，你必須要有非常獨特的產品與具有病毒力的宣傳，否則你很難在這市場立足，然而新興市場卻很容易被強勢品牌所忽視，例如印度、印尼、緬甸、非洲等地，而那裡卻有可能是新興品牌的新大陸。

老人市場在以前是被忽視的區塊，可是現在卻是擁有兩千億的大商機。台灣六十五歲以上的老年人口，也已經佔總人口的十一％了；到了二〇一七年將達到十四％，正式進入高齡社會。這群曾經被忽視的社會邊緣人——老人，被認為沒有多少剩餘價值，既無收入，消費力也不大，實在沒有什麼肥水可撈；但事實上在日本與歐美，老人這一族群卻充滿了無限商機。

比如在美國，最昂貴的旅行團有八成都是老年人在參加；有四十一％的新車是老人購買的；美國出租大巴士由老年人租用者佔了三分之一以上的市場；一向被認為是年輕女性專屬的化妝品市場，最近調查卻發現，五十五歲以上的中老年人佔了四分之一的市場。

被忽視的行業暗藏商機

同樣冷門的行業、傳統的行業以及被看不起的職業，卻出現了許許多多的創業英雄；那些曾經被視為不夠「高尚」的行業，通常是高學歷的知識份子不太想進入的，或是大企業看不起、做不來的行業，其實卻是創業的好利基。因為沒有強手在這一行，反而造就了許多「雞排英雄」。

號稱是台灣高科技業的個人電腦、DRAM、面板、太陽能等等行業，曾是大學生畢業後就業的最愛，一度被稱為科技新貴，卻未料想到日後公司會休無薪假，而其服務的公司不是虧損連連，就是只有保三保四的獲利；不管是投資報酬率或是每股盈餘（EPS）都不如服務業新起之秀，如王品和瓦城。

那些被忽視的地方就是你的機會所在之處，如果你不再正視它，機會將從你身旁溜走。

想要發掘被忽略的新市場或新商機，有以下四個方法：

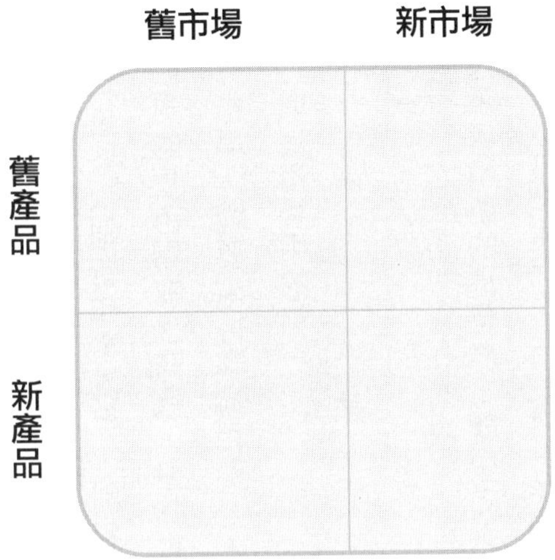

1. 舊產品／舊市場

雖然是舊產品，也是舊的消費者，可能這個產業已經衰退或沒落了，但是創業家仍可以將傳承的產品創新包裝、創新作業流程、創新管理，以吸引已經失去的消費者。尤其大家總會認為成熟的舊市場缺乏商機，但其實在成熟商機裡找商機，比起發展全然的創新商品切入新市場，還要來得容易和安全。訂婚喜餅是個舊市場，郭元益將喜餅重新包裝改進後，成為市場中的第一。

2. 舊產品／新市場

將舊產品重新包裝後銷售給新的消費群。就如同台中大遠百十二樓的「大食代古早味老街」，懷舊的裝潢，古早味的美食，讓中老年人懷舊，讓年輕人覺得新奇與好玩。媽祖公仔、神明衣等等，都是將舊產品重新包裝後提供給年輕的新消費者。

另外，去注意那非現在產品的消費族群，譬如：寵物用的健康飲料，將本是人類使用的飲料變成給你的寵物使用。將飽和的女性美甲市場移動到愛美的男性市場上，創造男性美甲新市場。設計給兒童專用的低卡路里優格或美乃滋，可開闢成人以外的新市場。相機本是專業攝影家或男性的領域，日本數位相機大廠佳能（Canon）發展了多款數位相機，卻是針對未婚與小資女性所設計的，如佳能在台灣推出的類單眼相機 PowerShot S90，便是特別為女性所設計的，體積較小，攜帶也更方便，可以自己控制光圈，可以當傻瓜相機一樣按快門，也比傳統單眼相機便宜一半。

將原有市場中的舊產品移動到新市場，在新市場即成為新產品。譬如：將原本是廣西柳州的著名小吃螺螄米粉，拿到台灣台北的萬華來賣，對新市場來說即是新鮮新奇的產品；將日本的北海道拉麵或漬麵拿到日本以外的市場販賣；將台灣小吃移到大陸北京上海等地販賣。

台灣最近的連鎖服務業不僅投入中國大陸，還紛紛攻進東南亞市場，譬如SPA業在馬來西亞，飲料小鋪業進軍馬來西亞、新加坡，珍珠奶茶進入德國、英國以及美國紐約，漸漸的，台灣服務業的軟實力在世界各地嶄露頭角。

全球未來十年內，將有近十億的中產階級新消費者會進入消費市場。尤其是新興地區的人民所得約為三千至五千美元，才剛脫離貧窮進入小康階段，但對於食、衣、住、行、育、樂的需求，正方興未艾。將許多開發中國家的產品引進這個市場，商機絕對可期。

3. 新產品／舊市場

在舊市場上創造、引進新產品，譬如針對老人商機市場引進老人專用的化妝品、保養品、衛浴設備等等。在中國大陸，康師傅方便麵的市佔率曾經高達五十八％，二〇〇八年，統一推出新口味老壇酸菜牛肉麵大賣，讓統一在方便麵的市場上慢慢的挽回頹勢。

4. 新產品／新市場

將新產品販賣給新市場對象。譬如針對老人市場所專門研發的老人手機、老人玩具，專為老人設計的住宅和起居以及醫療設備等等。

破壞性創新也能成功

針對印度市場推出的插電式與乾電池兩用的創新產品——ChotuKool冰箱，其實不能算是真正的冰箱，它頂多只能稱作是保冷箱而已。但是它卻得到了二〇一二年愛迪生全球發明社會影響獎。這個冰箱是由印度的電器領導品牌Godrej&Boyce所製造和銷售的。

他們與哈佛商學院教授克雷頓．克里斯汀生（Clayton M. Christensen）的研究團隊合作調查，發現印度有八十%的家庭缺乏電器設備，像冰箱就是其中之一。因為沒有冰箱，所以許多食物都無法保存而壞掉了。但是在印度鄉下，不是沒有電力供應，就是電力的供給不穩定，而且平均收入只有五塊美元，根本無力購買昂貴的冰箱。他們發現，這些民眾最亟需的是一個可以保存食物和牛奶的東西。

於是他們積極研究，後來研發出只要六十九塊美元的小冰箱（little cool），塑膠外殼可輕易搬動，且不用傳統的壓縮機，而是採用溫差發電晶片，可以在十二伏特的直流電力下，讓冰箱保持一定的冷度；還有特別的開啟設計，讓冷度不易流失。這是在大家忽略且認為沒有消費力的新市場中，利用破壞性創新開發新產品、新市場的典型成功案例。

21

競爭對手是敵人

out

in

競爭對手是你的老師

在市場上，你的敵人可以教育你、激勵你，不僅讓你知道自己的缺點，更能讓你進步。一個被保護或沒有競爭對手的產業，終將退步。

向競爭對手學習

「一個市場如果沒有競爭對手，你就沒有學習的標的。」

聯發科董事長蔡明介說：「敵人才是重要的合作夥伴。以前控告敵人是手段，現在擁抱敵人是創新。」

以前我們總認為敵人是要打擊的對象，是要超越的對象，但是創新的思維是要和敵人合作創造經濟規模，和敵人合作以便截長補短，和次要敵人合作共同打擊主要敵人，和敵人合作以減少惡性競爭，最重要的是要向敵人學習促使自己成長。

實用的「創業四部曲」

我在「創新創業」的課程中，經常向學員提出「創業四部曲」，在此提供大家參考：

第一部：尋找競爭對手

在一個成熟的市場中找商機。「誰說成熟市場無商機？」一個成熟的市場雖然有很多的競爭對手，若不是競爭非常激烈，就是市場已經非常飽和。但是新創事業家卻經常從另外一個角度想事情：市場上雖然有很多的競爭對手，但也表示這個行業是有市場的，有一定的消費者，只要有創新的經營方法，一定能在這行業裡有所突破，成為No.1。

牛排館的市場也是一個成熟市場，但是王品卻以創新的經營與管理方法，成為No.1。涮涮鍋也是一個飽和的傳統行業，但是王品的石二鍋卻能突破創新，生意興隆。

麻油與香油是一個傳統行業，但是源順強調生機，並且使用催芽冷壓的芝麻芽油，針對有食好油意識的消費者，以宅配與直營門市等通路銷售，年度業績可達一億，且每年成長三十%以上，在成熟商機中異軍突起。

蓬萊食品的江記豆腐乳，甩掉老師傅的傳統製法，導入現代科學與標準的製作流程，讓老產品、老生意重新再生。

第二部曲：向競爭對手學習

對手不是你的敵人，他是你的老師，所以要向他學習。要謝謝競爭對手，因為有他在市場，你才有參考的對象、學習的對象，競爭對手提供了許多的資訊，包括市場上和經營上的機會點與問題點、市場的潛力與大小、消費者的滿意點和不滿意點、投資報酬率等等。

競爭對手遭遇到的各種問題都可以當作後進者的參考，避免許多不必要的風險，節省許多錯誤的成本。

第三部曲：超越競爭對手

從競爭對手那裡收集許多資訊，從他的資訊與經驗中學習，避免錯誤和缺點後，再加以改進創新，以便超越競爭對手。

第四部曲：沒有競爭對手

雖然是同行，但是要與競爭對手建立差異化，也就是要和競爭對手做出市場區隔，不管是在產品技術或管理上，作業流程、商業模式上，都要創新超前，雖然是後進者，但是要做到後來居上，並且拉大領先距離，以便成為市場的No.1。

這四部曲主要在陳述：**你要從新的觀點去看待你的敵人，沒有敵人你不會偉大。**在市場上，你的敵人可以教育你、激勵你，不僅讓你知道自己的缺點，更能讓你進步。**一個被保護或沒有競爭對手的產業，終將退步。**

台中的公益路商圈，現在已成為台中餐飲業的新戰場，如：無老鍋、輕井澤、赤鬼牛排、天天見麵、太初麵食、私房泰等業者，皆是以建築美學與高檔裝潢但卻平價的創新方式互相競爭的超級大店，在這市場上，經常有業者砸下五、六千萬的資金開設一家店，然而卻也不乏鎩羽而歸的例子。但也有不少成功者，一間店一年就可以創造一億的業績。這是一個服務業的殺戮戰場，凡能生存者，都是業界的佼佼者。

競爭者不僅互相學習，更因為聚集在一起而發揮「集市」效應，成為一個「商圈」，例如逢甲夜市、士林夜市、高雄九如夜市、台中精明一街商圈、台北迪化街南北貨、台北愛國東路婚紗攝影街等等，都是同業聚集的地方。雖然大家彼此間是競爭對手，但卻也因為形成了商圈而聚集了人潮。

22

滿足顧客需求 out　in 建立差異化核心競爭力

增加競爭力的傳統思維，大都是「加法」，新的思維方法則是「減法」。

拋棄舊有思維邏輯

在我的「核心競爭力激發訓練」課程中，一開場我總會問學員：「創業家做生意一定要盡量滿足客人，請問這句話對不對？」

在課堂中大部分的學員都會回答：「對的，顧客至上，我們當然要盡量滿足顧客啊，尤其是服務業。」

接下去我就會再問：「請問你們有沒有到過一間店，老闆、老闆娘一副臭臉，客人來了也不打招呼，但是生意卻很好。有沒有？」

學員的回答是：「有的。」

再來我又問：「請問有沒有去過一個店裡，碗盤、筷子堆得滿桌沒人收拾，客人來了，要自己收拾碗筷，甚至得自己擦桌子，但是卻一樣生意興隆的呢？」

答案也是：「有的。」

再問：「請問有沒有看過或聽過，去一家店買東西，卻要排隊一小時、甚至兩三個小時才買得到，而排隊的人愈多，愈有人要排的呢？」

答案也是：「有的。」

「蘋果的iPhone上市時，不也是讓很多蘋果迷等候很久，而且要漏夜排隊嗎？同樣的，網路上也一樣，我們也常聽說，連網路訂購都要等個三個月，甚至還有長達半年的呢！那麼，所有教顧客管理的老師或教科書不是都告訴我們，要盡量滿足客人嗎？為什麼要讓客人排那麼久的隊，而且愈有人排隊，客人愈是捨不得走開呢？原因出在哪裡呢？我開玩笑的說：是客人『賤』嗎？」全場哈哈大笑。

然後我再問：「台北西門町的阿宗麵線大家去過沒？去阿宗麵線是怎麼吃的呢？你去吃麵線時，服務員會很客氣地招呼你說『歡迎光臨』嗎？吃完後會跟你說『謝謝光臨』嗎？還有，你是怎麼吃麵線的呢？站著吃，還是坐在座位上吃呢？夏天吃的時候有冷氣吹嗎？如果這些服務都沒有，那麼，為什麼它的生意還是那麼好呢？」

另外我又問：「所有傳授創業開店的老師或教科書，都教我們開店一定要選擇好的地點（location），但是各位有沒有去過或看過一間店位處偏僻的巷內，但生意興隆的呢？有沒有去過山中小店，要開車繞來繞去才能找到，好不容易到達了卻又發現，位於這麼偏僻的地方竟然生意還非常興隆呢？」

學員的答案，當然也是肯定的。

「再來，各位也一定去過知名的國際連鎖咖啡店，請問你對它們的服務打幾分呢？你去買杯咖啡時，是怎麼買的呢？進店時，有人在門口歡迎你，並高喊『歡迎光臨』嗎？進店後，有人引導你入座嗎？你怎麼點咖啡的呢？有沒有人走到你的座位旁拿Menu給你點呢？你必須到櫃檯點咖啡，點完咖啡呢？你必須等叫號，叫到號時才自己去端。喝完咖啡呢？是放在座位上讓服務人員來收嗎？不，你必須將咖啡杯與盤子放到回收櫃上。如果國際連鎖咖啡店是這樣子的服務，那麼有所謂的『盡量滿足客人的服務』嗎？」

然後又問：「請問到量販店購物時，如果量販店開在熱鬧的市區內，你進店後馬上就有服務員趨前來服務你，你結完帳後，又有服務員將你購買的物品放到你的車上，或者將你的貨品宅送到家。請問這樣經營的量販店會不會賺錢呢？」

學員的回答是：「不會。」

我再問：「為什麼呢？」

學員回答：「因為如果增加了那些服務，人事成本就會增加，為了獲利，就無法以低價商品來吸引人，競爭上就沒有競爭力了。」

到這裡，答案已經很清楚了，傳統的「盡量讓顧客滿意」或是「顧客都是對的」創業服務鐵律必須要修正，創新的觀念是「核心競爭力」的概念。

運用「Know-Why」思考

另外，我們要運用「Know-Why」的思維方法，探本究源地去了解到底消費者為什麼需要「服務」。在我的「激發訓練」課程裡，我曾如此舉例：

「在一座孤島上，只有一位女性，卻有十位二十歲左右年輕力壯的男士，這位女士年紀超過四十歲，身高只有一百四，長得非常恐龍，那麼這位女士在這座小島上會是什麼地位呢？」

學員會回答：「是美女。」「是女王。」

「是的，這位女士會成為大家爭寵的女王。」

「那麼如果這座島上來了另一個更年輕貌美的女性，請問，原來的那位女性會變成什麼地位呢？」

學員回答：「原來的女王下台，女王換人當。」

「是的，那麼如果又來了第三位、第四位、第五位……陸陸續續來了十位年輕貌美的女性，那麼，加上原來第一位恐龍女，總共有十一位，然而這座孤島上依然只有十位年輕力壯的男士；那麼，請問這位原來被這十位男士拱為『美女』與『女王』的女生，她的下場是什麼呢？」

大家都紛紛揣測，這位女生會從女王的地位變成僕役，甚至被這些男性丟到海裡餵鯊魚。舉這個例子並沒有輕蔑女性的意思，只是要說明：「美與醜是相對的，而不是絕對的。」「服務的好壞也是一樣，是相對的不是絕對的，一切決定在於供需關係。」

如果是一個需求比供給大的社會，還需要服務嗎？

服務的需要來自於在一個市場有限、消費者有限的環境裡，但卻有很多幾乎同質性的競爭對手時，也就是供給大於需求的市場。因此，你必須盡量向你的消費者鞠躬哈腰，諂媚獻殷勤。

如果你具有獨特性與稀有性，那麼便是消費者有求於你。就好像一個醫生把病人治好了，明明是病人付了錢給醫師，卻還要向醫生說聲「謝謝」。那也像iPhone剛上市時，大家搶不到，得要漏夜排隊，好不容易排了十幾個小時才買到手機，卻無怨無悔。

所以，創新的競爭法則是：「如何建立自己的特性與差異化價值，如何創造自己的稀有價值。」

「只有『唯一』，才能建立『第一』。只有建立產品、服務的獨特性或唯一性，這個市場才能掌握在你手上。」

差異化的核心競爭力

二〇一三年初，全台灣已經有七家分店的Dazzling Café Bubble，每逢假日，店門口都大排長龍，但是這個人氣正夯的小店，主打蜜糖吐司、甜點與咖啡連鎖系統，竟然在網路上被網友批判：訂位難訂，排隊要排很久，服務生態度又不好。但即使如此，許多網友還是抱著「朝聖」的心態硬要前去消費看看。

「比競爭者更好」是以往所謂的勝利方程式，只要在產品的性能上、品質上、服務上比競爭者更好，就有勝出的機會。但是你好，競爭者也會跟從，甚至比你更好。

這樣的競爭結果就是在產品和服務上不斷地附加東西上去，你的競爭對手也會依循這條路子不斷改善，結果只會讓成本不斷提高；然而市場有限，再加上新的競爭者不斷的進入市場，市場被瓜分了，成本又提高了，卻因為競爭對手每個都虎視眈眈的要搶你的市場、你的顧客，使得你不敢抬高價錢，所有提高成本的負擔只能自行吸收，「比競爭者更好」的策略最後卻走進了死胡同。

況且一家企業或是店家，要比競爭者更好的層面太多了，在資源有限的情況下，只有集中自己的優勢資源於一項「差異化的核心競爭力」之上，聚焦在自己最擅長的核心點上，做得比競爭者超前很多，好讓競爭者不僅跟不上，而且還望塵莫及。

曾經有一家量販店的廣告是這樣訴求的：「我們並沒有坐落在好的地段，也沒有很大的招牌，沒有漂亮的裝潢，甚至沒有穿漂亮制服的售貨員，但我們的價格就是比較低。」這家量販店強調的，就是它們將其他成本降低，然後反映在貨品的售價上，硬是比其他競爭對手來得低。

如果國際連鎖咖啡店要增加服務、增加人員，那麼可能就沒辦法把店面開在昂貴的辦公區地點。就像阿吉師日本料理把房租、裝潢以及人事費用減到最低，把省下來的成本反映在真材實料、物超所值的食材上。

讓消費者滿意不是唯一

行銷大師菲利浦·科特勒（Philip Kotler）曾經說過：「我們無法讓消費者完全滿意，也不知道如何讓他們全部滿意，消費者滿意後還會再要求更滿意的，因此只能選擇一項或數項讓他們很滿意的。」

這就是強調「核心競爭力」的概念。雖然阿宗麵線沒有座位、沒有冷氣，但是因為坐落在人潮擁擠的西門町，加上麵線也不錯吃，因此即使沒有服務也照樣生意興隆。有特色的店家，即使沒有坐落在好的地點，一樣可以吸引新聞媒體報導，招徠顧客。

計畫在二〇一三年銷售量突破一千萬台的中國大陸小米機，功能不比知名智慧型手機差，沒有廣告成本，沒有實體通路中間商的剝削，只靠網路直接銷售給消費者，因此每支的售價可以壓低到新台幣一萬塊錢以下，連知名品牌的一半價錢都不到。

現今的手機發展一直往縮小體積、加強功能的方面前進，卻忽略了老年人與兒童的需求，日本TU-KA集團發現，目前的手機在使用上會讓老年人難以操作，因此開始推出單一功能、簡單操作的老人手機。

Cama咖啡只有八坪大小的店面和有限的座位，但坪效卻是星巴克的一．八倍，它是以強調現場烘焙，提供給消費者臨場的視覺與嗅覺的體驗，在競爭激烈的咖啡市場中，殺出一條「藍海」之路來。

「減法」競爭力美學

找出核心競爭力就是用「減法」的方式來運作，在我的「激發訓練」課程中，我會先讓學員假設，如果一個商品是國王要御用的，你要如何來研製？譬如就一杯國王御用的咖啡而言，這杯咖啡一定要是世界最頂級的咖啡：有最甘甜醇美的水、有最高檔的煮咖啡容器，以及最頂級的糖漿、最珍貴的容器、最適切的飲用溫度等等。但是這樣一杯咖啡如果要拿去市場上販賣，一定會因為成本過於高昂，不得不調高售價，使得一般消費者只能望咖啡興嘆。

因此，假設你現在只能在這些頂級的特點中，挑選出一個特色當作你商品的獨特主張USP（Unique Selling Proposition），而其他特點就只能擱置一旁。那麼，你會選擇哪一個特點呢？哪個點會有獨特的競爭力，你就在那個點上下工夫，宣傳也是如此，必須聚焦在這個點上。因為對於消費者而言，縱使你有十個特點，消費者也只會記得一點，而這點在廣告上就叫作「訴求重點」。

在開店創業上也是一樣，在商圈、裝潢、服務、價格、產品上選擇一個點，當作你的獨特點與核心競爭力。譬如鼎泰豐就是強烈訴求它的小籠湯包的品質與包功；85度C強調其精緻的五星級飯店的蛋糕；郭元益喜餅強調其歷史悠久；La New強力聚焦在鞋子的舒適性。

增加競爭力的傳統思維，大都是「加法」，新的思維方法則是「減法」，以前是把一個商品或服務「加」到不能再「加」，新的思維則可以嘗試把商品和服務「減」到不能再「減」。「減」到最後，你的「核心競爭力」就會出現了。

23

讓大量廣告說話

out

in

讓產品自己說話

那些具有獨特性的「商品」與「服務」，自然會被傳播或被報導，大眾行銷的廣告手法並不是商品暢銷的絕對保證。

光讓消費者滿意已不夠

「消費者對於一般水準所提供的基本服務，已經無法得到滿足。」

一九九五年，湯瑪斯．瓊斯（Thomas O. Jones）和厄爾．薩瑟（W. Earl Sasser, Jr.）在其合著的《滿意的客戶為何會流失？》（*Why Satisfied Customers Defect*）一書中，就強烈提出：「光是讓消費者滿意已經無法留住他們。」

讓消費者滿意的基本水準就是**RATER**：可信度（**R**eliability），提供所承諾的產品和服務；可確定度（**A**ssurance），員工的知識與禮貌，讓消費者信任和有信心；形式度（**T**angibles），提供優質的產品或服務的品質、外觀和設備；關心度（**E**mpathy），對於消費者的注意和關心；回應度（**R**esponsiveness），願意去解決問題和提供快速的服務。

一九九四年，全錄公司調查了四十八萬個消費者，分別用一到五分來評估消費者的滿意度：五分是非常滿意，四分是滿意，三分是普通，兩分是不滿意，一分是非常不滿意。調查結果發現，在未來十八個月內，消費者滿意度五分的比四分多了高達十六倍的回購意願。因此，讓全錄公司努力地去追求百分之百的「客戶滿意度」。

但是目前的調查發現，現在的企業或組織即使讓消費者百分之百的滿意，消費者也不會忠實，現在光是提供給消費者「滿意度」是不夠的，它必須提供給消費者一個「情感」和「態度」的偏好，並且和消費者的「感覺」（feeling）連結在一起。

建立消費者的忠實度

一九八七年，奇普・貝爾（C.R. Bell）和詹姆克（R.E. Zemke）發表了〈服務失誤及其補救之道〉（Service Breakdown: The Road to Recovery）一文，其中提到：我們把不滿意的顧客分為兩群，一為「惱火的消費者」（Annoyed），另一群為「受害者」（Victimized）。「惱火的消費者」是輕微的憤怒，因為賣方所承諾的沒有被完全理解與提供。「受害者」則是憤怒、挫折和痛苦。

研究顯示，那些輕微的憤怒者在很迅速的補救措施處理後，和公司有緊密關係的，比一開始就沒有不滿意的來得高。而且這些人一旦轉變印象後，對競爭者的降價和促銷比較不為所動。但是那些「受害者」將成為你公司的「恐怖份子」，到處宣傳，而且這些「受害者」對於惱怒的服務，可以記上十三年。

消費者的忠實度是如此定義的：「在一個感情和態度的偏好上，產生一種自然而發的個人推薦和購買行為，消費者的滿意度評估是一種理性的評估，但是消費者的行為經常是不理性的。」

和公司以及產品產生情感和認同，是消費者產生忠實度最大的影響因素。因此有智慧的品牌創造者，除了在產品廣告上讓消費者了解產品的獨特點外，還要讓消費者認同，或者是產生「我也是」的感情；而且還要在公共關係上製造品牌的新聞，並且在顧客關係以及顧客的服務體驗上下工夫。

體驗勝於廣告

星巴克咖啡計畫在二〇一三年在台展店至三百家，但是我們卻很少看到星巴克大張旗鼓的廣告。原因是因為星巴克希望用顧客口頭傳播的方式，來推動星巴克目標族群的成長。星巴克一開始從少數創新者與早期接受咖啡飲品的顧客著手，透過教育消費者與企業推廣，讓這些創新的消費者得以產生口碑，向所有人散播分享星巴克咖啡的經驗。星巴克認為，員工就是最好的品牌代言人，因此將預算運用在提升員工待遇和專業訓練的部分，他們將星巴克視為一個服務品牌，而員工所提供的專業服務會為顧客創造感覺與經驗，這才是決定服務品牌價值的重要元素。

蘋果電腦的iPhone、iPad帶動了全世界的風潮，二〇一二年，蘋果總營收額高達一千五百六十五億美元，賣一．二五億支的iPhone，但是一年的廣告預算只有十億美元，連業績的一%都不到。蘋果電腦鮮少大張旗鼓地投入廣告宣傳活動，而是以產品為中心的行銷方式，讓每個新產品都掀起全球話題；尤其蘋果擅長於置入性行銷，與媒體的關係又特別好，如《華爾街日報》與《紐約時報》。

台灣餐飲業的龍頭王品集團，預計二〇一三年兩岸展店家數，將達三百九十三家，有十四個品牌，營收預計一百五十億台幣，其強調以服務來讓客人感動的文化，就是最好的宣傳，也因此我們很少看到其大眾媒體的廣告。

曾經於二〇一〇年獲得中華民國消費者協會「第一品牌」的瓦城泰國料理，全台已有三十三家直營分店，至二〇一二年已經累積了三百萬人次的客人體驗，也是靠優質的服務與商品，造就了消費者心目中「第一品牌」的地位。

產品也會自己傳播出去

在我的「創新創業學程」裡，有不少學員問我：「如何檢視我的創業點子，讓它具有獨特性呢？創業前期因為事業規模小，可能沒有廣告預算，那麼如何讓我的產品廣為人知呢？」

我經常會如此回答：「首先要檢視的是：你的新事業點子可不可以造成口碑效果呢？新消費者來消費一次以後會再傳播出去嗎？會迫不及待地想告訴他的同事、朋友、親戚嗎？如果有了口碑的力量，表示你的商品具有獨特性，因為具有獨特性與新奇性，才可能造成傳播效果。有了獨特性與口碑性，你的產品自然會紅，也自然會吸引新聞媒體主動來報導。」

這是一個好事傳千里、壞事也傳千里的時代。「你的產品自己會說話」、「好的產品不需要大聲疾呼」。那些具有獨特性的「商品」與「服務」，自然會被傳播或被報導，大眾行銷的廣告手法並不是商品暢銷的絕對保證。

24

M型社會的消費迷思

out

in

W型消費形成

我們不能一直高喊M型社會來到，在巨富與赤貧同步增加時，卻忘記了W型五十%的中間消費群市場。

貧富之間

台灣在最有錢五%的所得與最貧窮五%的所得之比，已由一九九八年的三十三倍，暴增至二〇〇七年的六十二倍。到了二〇一〇年，貧富差距更飆升至九十三倍。

因此，有學者就稱這種貧富差距現象的社會為「M型社會」，也就是說，這個社會是「有錢人愈有錢，沒錢的人愈沒錢」。媒體甚至大肆報導，指出：「現在要賺有錢人的錢，因為他們的錢比較好賺。」

因此，就有創業顧問提出創業者要做高價與奢華的事業，專門賺有錢人的錢。乍看之下，這樣的論點好像滿有道理的，但實際上卻有一些迷思：

迷思1：所得愈高者消費力愈高，所得較低者消費力較低

傳統的經濟學理論認為，消費力與所得成正比，所得愈高消費力也愈強。因此就推論，高價商品和奢華名牌商品，只有有錢人才買得起。

台灣在SARS期間，本以為雙B轎車和名牌奢華品的業績應該會下降許多，但實際上業績並沒有劇烈下滑。探究原因才發現，這些奢華品最主要的兩群消費者，是有錢的富人和三十歲左右的年輕人。那些真正的有錢人並不會因為SARS而影響其經濟和購買力；至於三十歲左右的年輕人，尤其是未婚族群，根本沒有未雨綢繆和儲蓄的習慣，而且他們有很多人不僅是「月光族」，更是「借貸族」，因為沒有家累，所以不會像中年或上了年紀的人有經濟壓力，以及對未來的不安全感。這些年輕人的經濟學理論不是所得愈高消費力就愈高，而是消費力等於借貸的能力，也等於購物的衝動力。

根據台灣信用卡市場的發展趨勢與現況分析，二〇一〇年台灣持有信用卡人數已經高達七百九十萬人，平均每人約有三．五張。因此，信用卡成了年輕人購物的主要方式。只要看到喜歡的商品便出手，而有了信用卡刷了再說的衝動性購物行為。因此，許多奢華名牌就是以年輕人為主要消費群。

「淘寶網調查發現，購物毫無節制的『剁手族』在台灣高居第一名，每人每年平均購買次數高達九百八十次，年平均消費七十七萬元，相當於每兩天就要買三次東西。還有大量購買的『囤貨族』，台灣也是第一名，平均每次購買四百六十件商品。」這些「剁手族」，有很多都是單身的上班族，他們購物往往不是為了「需要」，而是因為「衝動」、「興趣」與「打發時間」。

迷思2：只有有錢人才需要奢華品

現代人大都處在一種高度的壓力、高度的憂鬱以及缺乏自我認同的情況下，普遍懷有「偶爾給自己一個放縱與奢華的衝動與慾望」的心態。

雖然每個月的薪水只有三到五萬，每天中午吃的是五十至八十元的便當，晚上吃的是水餃與拉麵，但是偶爾也會去好的餐廳大快朵頤一下。

雖然每個月薪水有限，整年也都在努力工作，但是一年也要出國玩個一次、兩次，給自己慰勞一下。

雖然成天省吃儉用，但是偶爾也會去KTV唱唱歌，讓自己紓解一下壓力。

雖然自己還是個小職員或小主管，但是也要有一、兩件名牌服飾或皮包，以展示自己的身分；即使買不起名牌的高級款，至少也要有個入門款的名牌皮包。

「偶爾給自己一次放縱與奢華」以及「慰勞自己一下」的衝動與慾望，正是消費者購買這些高級名牌商品的原因。

迷思3：高價優質產品將成為主流

平價優質產品將成為最大主流。台灣的中產階級比例應該在四十四％到五十四％

之間。這表示中產階級還是社會上經濟的穩定主流。

他們是W型消費的中間層。這個消費群的家庭收入大約在一百零七萬左右，我們不能一直高喊M型社會來到，在巨富與赤貧同步增加時，卻忘記了W型五十%的中間消費群市場。

只是這幾年來經濟不景氣，物價又高漲，許多人的收入不升反降，因此這群消費者必須尋找新的消費方式，也就是平價的優質商品。這些中產階級一方面尋求各種省錢方法或購買便宜的商品，另一方面還要維持住以前的生活水平。他們會去尋求、利用各種優惠方法，如看電影持用特定銀行的信用卡享有優惠；如星期幾持哪一家信用卡到加油站加油可以省錢；到網路上購物時，會貨比三家；會去揪團網購；會用集點券購物；會在拍賣期間和週年慶時「血拼」；會去購買平價優質的商品等等。

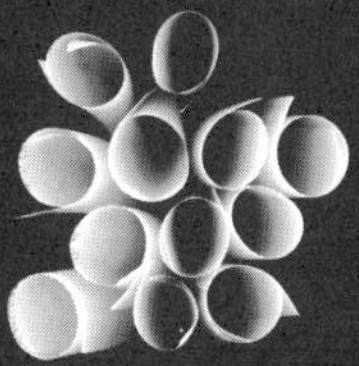

五

創造品牌的內部創新精神

25

品牌是給消費者的 out in 品牌是給內部員工的

一個沒有「服務」文化的社會，不會發展出好的服務業；一個沒有「服務」精神的企業，也不會創造出一個好的服務企業。

品牌對外也對內

「對一個產品的品牌而言，你可以花百分之七十五的時間、預算以及精力嘗試去影響你的顧客，而百分之二十五則用在別處。但是對一個服務性的品牌來說，你必須花費百分之五十的時間、預算以及精力去影響你的員工。為了能成為一個更有效益的品牌，員工必須被教導去和他們的品牌一起生活。」企業品牌與形象專家沃利．奧林斯（Wally Olins）這麼說。

以往我們對品牌發展的錯誤迷思，總認為品牌是給消費者認知的，消費者因為對品牌的認同而產生購買的偏好、信任感與自我認同的價值。因此，我們對於企業形象與品牌的認知，大都止於外在的「視覺系統認知」（Visual Identity）、企業識別、品牌Logo、企業的標準色、企業的形象、企業的公關活動等等，這些都是品牌對外的行銷作為（External Marketing），但是品牌精神對內部的行銷（Internal Marketing）更為重要，尤其是服務業。

品牌之所以能夠發光發熱，不僅止於知名度與公司的大小或歷史，更在於品牌的文化和精神內涵，企業經營者的理念和使命，員工的認同感、向心力，以及表現出來的服務行為。品牌的內部行銷的目的，乃在於將企業的共同文化、企業的價值與使命行銷給員工，並讓員工對工作產生價值感與使命感，對企業產生榮譽感、認同感，以及凝聚力。

「阿原肥皂」的經營精神

前文提到的阿原肥皂企業，在短短數年間，從台灣紅到東南亞及港澳、大陸、日本、韓國、泰國。創辦人江榮原在陳述自己的品牌價值時提到：「肥皂是載體，文化、夢想才是我們想傳達、分享的內涵。」他把品牌價值當作一種使命和任務的象徵，不僅對外宣揚其品牌價值，對內更將其品牌價值貫徹在製造商品時的研發精神與品質堅持、銷售服務時的態度，以及員工的管理與用人哲學上。

江榮原先生陳述在阿原手工肥皂的企業發展過程中，曾經採購過自動化的裁切機器，但是有一天無意間聽到工廠幾個歐巴桑私下竊竊私語的交談：「糟糕，老闆進了自動化的裁切機了，我們幾個大概快要保不住工作了。」當江榮原先生聽到這段談話後，馬上二話不說，便將新採購的裁切機送進倉庫裡。

這就是一種經營的精神，創業家的精神不僅貫徹在品牌的價值上，更貫徹在內部的管理精神上。對於點點滴滴都追求效率、處處都追求效益的現代企業來說，似乎少了這樣的經營哲學與管理上的感動。

品牌的內部行銷必須具體落實在企業的願景、任務、使命和價值，以及領導人的態度、格局與經營管理的策略上。

內部的創新文化

德國製的產品至少有五百個世界第一，那是源自於德國人對工藝品質精益求精的態度必然的結果；日本製產品的高品質形象，乃出自於日本企業對產品品管的堅持。由安東尼奧．西特里歐（Antonio Citterio）設計的Kinesis，證明了義大利人連健身器材都可以變得很性感，這是義大利精品文化DNA的表現。法國的高級品牌服飾與皮件，則是法國藝術文化的外顯。

3M被公認是全世界最創新的公司之一，它不但允許員工可以有十五%的時間去自由地發想自己的創意，而且更有容許錯誤的文化。它們認為，授權和鼓勵公司的男男女女去運用他們的創新能力是公司成長的動力。

公司容許員工用自己的方法做他們自己的事，具有這種特質的人才是它們所需要的，只要他們的方法符合公司的運作模式。錯誤，當然不免，但是只要「人是對的」，以長遠來看，原本的錯誤並不比碰到錯誤就用獨斷的方式要求員工去遵照權威的做法差，這種獨斷的管理方法才是大大的毀滅性錯誤，而且抹殺了員工的創新才能，也阻礙了公司的進步。3M之所以被公認為世界最創新的公司之一，就是源自於這種內部創新文化的成果。

對企業文化產生認同

有人說：「日本最會做生意的是大阪商人，晚上睡覺時，連雙腳都不敢朝向客戶的方向。」這代表的是一種大阪商人對客戶尊重與感恩心態的外顯行為。

一個山寨的品牌，其公司就是一個copy與模仿的文化，缺乏原創的動力。一個賺快錢的公司，只著重在短期的獲利數字，缺乏長期經營品牌的信念。一個沉溺於簡易代工賺錢模式的公司，當然不願意去承擔建立品牌的風險與複雜度。一個沒有服務信念的社會，怎麼可能會有高水準的服務業呢？這些品牌不僅沒有感動消費者的力量，也沒有讓員工認同的吸引力。蘋果電腦的創新產品，絕對是出自於一個有創新文化的企業，一種有包容力、創新的領導風格，一支努力創新的團隊，一個凝聚員工向心力的企業使命和價值。

大陸某餐飲集團的張董事長在五年前來台訪問，行程最主要的目的是要參觀台灣的一些連鎖企業，參考後copy回去，再自己建立系統。在參訪期間某個晚餐的餐席上，他問我：「一個連鎖企業最重要的管理方法是什麼？」我的回答是：「企業文化。」他一聽，立即反駁說：「不是應該是組織與授權嗎？」他接著說了一些組織授權的觀念。但我也做了一些小小的反駁：「組織與授權是管理上最基本的概念，但是文化才是根本，更是服務業的核心。」然而他並沒有把我的話聽進去。之後他將台灣的兩個連鎖商業模式複製到大陸去，然而不到三年時間，這兩個山寨連鎖系統即宣告失敗。

一個沒有「服務」文化的社會，不會發展出好的服務業，一個沒有「服務」精神的企業，也不會創造出一個好的服務企業。一個企業除了組織和管理規章之外，最重要的還是要有企業的文化、企業的理念與任務，這些才是凝聚企業員工向心力與創造企業品牌最重要的元素。因此，**品牌對外要讓消費者產生信任，對內則要讓員工產生信仰。**

26

目標管理 out 信仰管理 in

他們建構了一個「事業」，創造一個新價值以及一個社群。

信仰管理

傳統的領導管理皆以效率與紀律當作一個企業的好壞指標，一切的管理都要設定目標、注重數字、講求效率、遵照流程與尊重權威；員工時時處在一個注重效率與目標的高壓工作環境中，這樣的公司短期來看，雖然會有很明顯的成績出來，但是卻可能大大的扼殺了員工的創意。而且，一般人也誤認為人們在壓力和期限的限制下，可以促使他們發揮「創意」，但根據哈佛商學院對一百七十七個員工的研究顯示：在壓力下，「創意」反而下降。

大部分的人認為，他們是在壓力下被迫在純屬商業行為的交易場所裡工作，但是只有在創新的領導者的激發下，負有「使命」時，才會發揮「創意」。然而沒有壓力又不行，他們會認為不急或沒關係。因此，要在一個合理的時間和確實的目標內去完成。

創新的管理是以「使命管理」與「信仰管理」（Belief Management），來替代傳統威權式與壓力式的管理。

所謂的「信仰管理」具有下列幾個重點：

1. 以願景來激勵
2. 以獎勵代替懲罰
3. 以合作代替規範與命令

4. 自動參與團隊的工作

5. 榮譽與競賽

6. 自己提出計畫

7. 自己管理

目標管理的極限

許多公司實施目標管理制度，利用分層負責與獎懲的方法，採取各種激發潛能的訓練，以及為企業奉獻的洗腦教育等等，想盡各種方法，不斷地在身體上、腦力上和心理上動員組織和成員，要他們擠出所有的潛力，最後的目的就是達成董事會與股東所要求的獲利。

總經理與執行幹部全是些領取高薪、利用各種管理手法把員工最後一滴的殘餘價值都榨乾榨盡的幫手——這是傳統的「擠牛奶」管理法，就好像養一頭乳牛一樣，讓牠在空曠的草原和最好的環境下生長，提供最好的營養牧草，還放古典音樂給牠聽，唯一的目的就是要牠能夠產出更好更多的奶水來。

現代還有一些管理方法，講求給員工好的工作環境、優渥的福利、豐厚的薪資、不斷的獎賞與激勵，另外還要求員工有高效率與高效益的產出，最後還是把「人」當作機器一樣來評估他們的產值。這種激勵方式在短期內會有很不錯的效果，員工會在獎懲制度和公司設定的數字目標下全力以赴；然而，在達成一個目標後，是更高的目標壓力，員工在一次次的新目標高點與一波波的壓力下，會開始反省人生的真正目的和價值是什麼？

在組織全力追求業績與利潤的目標下，自己到頭來是不是也只是一個替股東和老闆拚命賺錢的機器而已？除了物質、金錢、地位和身分的滿足外，工作的目的是什麼？人生的目的何在？公司對社會的使命呢？而我給社會的回饋又是什麼呢？未來的願景呢？當有一天人老體衰、無法達成目標時，又會如何呢？

企業品牌使命

一個有信仰管理的公司，首先要提出公司的任務和使命，這個任務和使命不只是以業績和利潤為主軸，而是**對社會、對人類、對大環境的貢獻**。

如康寧餐具的使命是：「用創新，來讓全球消費者在廚房用具上更有信心，更得心應手。」

ＧＥ的使命是：「把好的東西帶到生活中。」

蘋果電腦的使命是：「蘋果電腦將給予全世界的學生、教育者、創意專業人士和消費者，透過創新的硬體、軟體和網路，提供最好的個人電腦運算的經驗。」

ＩＢＭ的使命是：「無論是一小步或一大步，都要帶給人類進步。」

聯想電腦的使命是：「為客戶的利益努力創新。」

可口可樂的使命是：「讓全球人類的身體、思想以及精神更加怡神暢快，並讓我們的品牌與行動不斷地激發人們樂觀向上，讓我們所觸及的一切更具價值。」

迪士尼的使命是：「讓人們活得更快樂。」

企業在這個使命之下驅動、成長和進步，員工在這使命之下，對於自己的角色和工作感覺更有價值。即使是迪士尼樂園裡的一位清潔工，都會覺得自己不只是在做一份清潔工作而已，也是創造人類快樂的團隊中的一份子。

一位康寧餐具的業務員會覺得自己更有價值，因為他不僅是一名餐具推銷員，更是肩負為人類帶來幸福與自信的任務。一位保險公司的業務員，雖然推銷的是一個保險計畫，但是他把推銷保險的工作轉化成使命之後，他的自我認知就改變成：我透過保險，為你的家人提供幸福與安心的人生顧問；他的信念與價值觀就轉化成：我的商品是能讓人們更幸福與安穩的保險，我的使命是協助客戶得到豐富又幸福的人生。

在「信仰」與「使命」的驅動下，員工對自己的角色更加認同，視工作為更有價值，對社會也更具意義；不再是為企業賺錢的工具而已，也不只是為了賺錢餬口才謀此工作，更不是名利的追逐者；它讓員工更有向心力、更積極，對工作也更加熱愛。

企業的目標除了業績與利潤，更有了人性的價值以及社會責任感。以成功企業家來說，他們不僅創造一個工作機會給自己，也創造許多工作給員工；更重要的是，他們建構了一個「事業」，創造一個新價值以及一個社群。

「Be、Know、Do」

對有「信仰管理」的創新企業來說，不僅是關注管理幹部在工作上的專業知識與執行工作所需要的技能，以及創新的特質和能力，而且更注重員工與管理幹部的領導必備特質。

美國陸軍部門要求領導幹部必須具備「Be、Know、Do」三個條件。其中Be的特質要件是：一，忠誠（Loyal）；二，責任（Duty）；三，自立（Self-help）；四，誠實（Honest）；五，正直（Integrity）；六，個人（Personal）。

而Know的能力包括：一，人際關係技巧（Interpersonal Skill）；二，協調溝通技巧（Negotiation Skill）；三，表達及簡報技巧（Presentation Skill）；四，概念力（Conceptual Skill）；五，技術力（Technical Skill）；六，執行方法（Tactical Skill）；七，問題解決力（Problem Solving Skill）；八，目標管理（MBO; Management By Objects）；九，預算（Budgeting）；十，目標達成（Achieving Objectives）。

而Do的特質條件是：一，影響力（Influencing）；二，領導（Leadership）；三，實

際操作（Operating）；四，團隊力（Team Work）；五，改善與創新力（Improving）。

「Be、Know、Do」這三個必要領導條件中，又以「Be」的特質最為重要。一個幹部如果沒有忠誠、責任、自立、誠實、正直與獨特的個人特質，那麼就像一支很會打仗的軍隊，但是只要一有誘惑和挫折，馬上就可能叛變脫逃。

一個創新的企業在用人上要注意個人的特質與修養，在培育人員上更要注意「信仰」的教育。然而，一般公司大都只著重在專業知識和技能面的培育，卻缺乏「Be」方面的考核與訓練，也就常常發生所培育好的人才無法忠誠於企業，一旦競爭對手重金挖角就會跳槽。因此，創新企業必須開始認知「Be」的重要性，並且把「Be」當作用人與升遷上的充分必要條件。

27

福利與薪資 out in 願景與分享

一旦金錢與物質得到基本的滿足後，「價值」就成了更上一層次的需要……

知名品牌背後的願景

電視新聞報導：「王品企業徵才五十五名，有三千六百人來應徵。」「鼎泰豐釋出一百八十個職缺，結果來了一千七百人。」對許多新創事業家來說，這種人搶事的熱況根本是不敢夢想的事。大部分的新創事業在徵人與用人上經常遇到以下的問題：一，用各種媒體管道徵人，卻沒有合意的人來應徵；二，即使有合意的人來應徵，也錄取了他，上班日卻不見人影；三，新進員工即使上班了，可是卻待沒多久就離職了。

王品和鼎泰豐以及其他優質公司，之所以有這麼多人搶著前去應徵，我們寧可說這些企業不僅提供給員工好的福利，而且最重要的是，它們給予員工榮譽與願景——因為在這些公司上班是一種榮耀，**能夠到優質的企業上班，不僅是對自己的認同，更得到親戚朋友的認同；更重要的是，這些優質公司還給了員工們「願景」**。

激發員工的熱情和願景

台灣目前的平均失業率高達四％以上，十五至二十四歲年輕人的失業率更高達十二％，但是當前的企業不論是製造業也好，服務業也好，仍然面臨好的人力短缺和人員流動率高的問題。

台灣失業率和人才短缺的問題，探本究源是供給面和需求面不對應所造成的，就業市場的就業機會供給面不是就業需求面所需要的工作機會，而人力供給方的條件和能力也不符合人力需求企業的需要；因此，雖然有很多失業的人口，但是符合條件需求的人力仍然不足。所以，現在仍然是屬於人力供給方的市場。也因此，企業經常以福利與薪資條件來吸引好的人才，而就業的員工也常以福利與薪資作為是否跳槽的基本考量，使得就業市場的同業間，不得不以福利與薪資當作挖角的最後武器。

但是人類不純粹是個經濟動物，不只是為了物質與金錢而生活，也不只是純粹因為物質與金錢而工作，人類是心靈的動物，有理想，有願景，有利他與奉獻的熱情。就像一些慈善機構、救難組織以及宗教團體的志工與義工，他們並不因為金錢而工作，而是為了理想，為了奉獻，支持他們的力量是熱情與願力。他們有些人不但未收受報酬，還奉獻自己的財產甚至生命，他們經常成就一些常人所做不到的事情和偉業。

建立偉大志業

我第一次去參訪法鼓山，在山腳下仰望山上宏偉壯觀的寺廟建築時，不禁欽佩起聖嚴法師與其信眾的偉大。一個隨國民黨撤退來台、身無分文的軍人，竟然可以建立起這偉大的「志業」。同樣的，證嚴法師的慈濟功德會從花蓮一間小小的精舍開始，竟然可以發展成世界性的志業。這些跟隨聖嚴法師與證嚴法師的信眾們，無私地奉獻財力、人力與物力，才成就了這樣偉大的「志業」。他們因為「理想」而驅動，因為「付出」而喜悅，因為「奉獻」而感恩。

難道一個企業組織的一切活動，最後都要以利潤為目的嗎？難道人類的種種作為都要以數字來衡量嗎？難道人類辛勤的工作都是功利取向嗎？難道鼓勵企業員工的方法，只剩下金錢、物質和地位嗎？

創業家傳播創新理念

《誰說人是理性的！》（*Predictably Irrational*）的作者丹－艾瑞利（Dan-Ariely）說：「激勵人的方式有很多種，而金錢往往是最昂貴的一種。」

洛夫・簡森（Rolf Jensen）在一九九九年時就預測，未來的企業將不再完全以帳面上的數字來衡量，而是以企業對社會的貢獻度和使命度來衡量。企業將不再只是投資股東們的賺錢工具，它必須要肩負起社會責任與價值。

一個創新創業的公司也是一樣，在創業初期，都有一群充滿理想與熱情的創業夥伴，他們不怕困難、不畏挑戰、不眠不休的打拚，不就是為了實現理想嗎？因此，金錢與物質並不是激發人類力量最強的元素，而是理想、願景與熱情。

基本的福利與薪資是生活的必需，除此之外，創新創業家們更應該去構思一個企業的願景與理想，去構思能夠激發全體員工熱情與潛能的企業使命和任務，以便滿足員工愛的需求，以及自我成就與自我實現的需求。

金錢不只是企業經營的唯一目的，也不是上班族努力工作唯一的回饋。一旦金錢與物質得到基本的滿足後，「價值」就成了更上一層次的需要，這包括「企業的價值」、「人的價值」、「生活的價值」。如果沒有「人本價值」，那麼企業只是賺錢的機構，員工則只是為這企業賺錢的工具而已；企業的經營如果缺乏了道德與社會責任，那麼，企業的「價值」又何在？如果一切只是為了金錢，那麼創業家和那些引起世界金融海嘯、道德淪喪的邪惡銀行家又有何差別呢？即使他們擁有了全世界，但是卻招來了全世界人類的謾罵與指責。

創新創業家必須要能激勵（fire up）公司員工，並且隨時隨地不斷地、重複地傳播你的理念。

28

傳統領導 out in 創新領導

創新時代的創業家必須具備創新的領導特質……並讓他們在充滿熱情、使命與願景下快樂地工作。

期許自己能當一名業界領導者

一個企業必須不斷的領先進步，成為業界的領導者，因為優秀與良好的技術人員，都希望自己待在一家優良領先的企業裡，他們喜歡跟隨贏家。假如你的公司無法如此，這些人將會離你而去。

不管是科技業、服務業，優良的人力資源已經成為競爭力的主軸，創新的事業需要創新的領導者，傳統競爭時代的領導方法已不適合創新超越的時代。創新的領導者不只是創造一個公司的神，大家不只要看到一個英雄、一棵大樹，而是要能創造一片樹林，看到一群創新的夥伴。

3M的前執行長路易斯．雷爾（Lewis Lehr）曾說：「我們從那些追求夢想的傢伙身上，學習如何去跟隨他們。」（We learned to follow the fellow who follows dream.）創新的領導者不是指揮及命令者，而是激勵與激發高手。創新領導者不僅注重效率與效益，更注重創新的創意。創新的領導者不僅注重「技術」，更注重創新的文化、管理以及人才。創新的領導者不僅注重執行，更注重策略。

在此將「傳統的領導者」和「創新的領導者」之間的區別，整理成下表，提供給大家參考：

傳統的領導者	創新的領導者
1. 傳統的領導者是走在前面領導	1. 從旁領導
2. 直接式的管理	2. 啟發式的管理
3. 利用傳統方法尋找在效率績效上的改進	3. 發展新方法，並且尋求改變遊戲規則
4. 以為自己知道的最多	4. 妥善運用別人的能力
5. 有強烈的目標和方向	5. 有激發別人的意願
6. 花許多時間在改善每天的運作，而不是策略	6. 花大部分的時間在策略性的發想
7. 下達指示或命令	7. 發問，確實的建議授權
8. 對待員工如部屬	8. 對待員工如同事
9. 沒有事前諮詢就下命令	9. 確實的了解或聽取意見後再下決定
10. 利用分析的、邏輯的，以及批評的思考方式	10. 利用水平式思考
11. 組織一個可以貫徹政策和實踐計畫的團隊	11. 把有創意和創業精神的人組成一個團隊
12. 聚焦在行動的結果	12. 聚焦在達成結果的方向和創新
13. 根據經驗以及已證明的過去紀錄和合格條件來用人	13. 根據一個人的才能、潛力和創意來聘用
14. 不鼓勵異議者	14. 鼓勵建設性的不同意見
15. 「結果」為珍惜的第一資產，其次才是人	15. 珍惜點子、創新和人
16. 努力促使自己成為領袖人物，並且利用媒體、消費者以及外界的評價，讓自己成為象徵型人物	16. 和組織及團隊一起分享曝光機會和榮耀
17. 鼓勵行動，積極工作	17. 對於勇於嘗試與有創意的人給予鼓勵和獎賞
18. 數字和數量取向及分析	18. 觀念和創意取向
19. 視「技術人員」為把事情做好、做快的最便宜工具	19. 重視「技術」也重視「人」
20. 破壞規矩的想法和發想是錯誤的	20. 鼓勵有「懷疑性」的發想
21. 由經驗去發想	21. 多方面去發想

＊ 參考創新與創意大師保羅．史隆（Paul Sloane）的《領導者的水平思考術》（*The Leader's Guide to Lateral Thinking Skills*）。

營造團隊的創新文化

現在是資訊與服務創新的時代，領導方法要有別於製造業時代的管理與帶人的方法，尤其是現在的年輕人與二、三十年前製造業時代的年輕人的思考方式與做事方法有所不同。製造業時代的權威式領導方法必須重新檢討。

創新時代的創業家必須具備創新的領導特質，才能吸引好的人才，培育優秀與創新的人才，並且讓他們在充滿熱情、使命與願景下快樂地工作。

約翰．科特（John P. Kotter）在一九九〇年時探討創新的領導者必須做到的六個基本工作，如下所示：

1. 撫育或吸引以及留住創新者、未來企業家。
2. 形成一個清楚的創新願景，並且確立一個創新的優先順序。
3. 製作一個達成這個願景的圖表，動員人們去完成這個願景。
4. 接受創新創意點子的檢驗、評估以及撤銷。
5. 整合、支援、實施創新計畫的團隊。
6. 建立一個創新的文化和流程。

創新的領導者要營造團隊創新的文化，他們必須要有一個特質：不畏懼失敗，即使失敗了而讓長官對其產生不信任，還是要做他認為該做的事。不僅如此，他還必須經常鼓勵部屬去嘗試新的事情，引進新的觀念、新的產品、新的流程、新的服務方式，以及去挑戰與改變「現況」。

一般來說，年輕人總是比較願意去改變，而年長者則偏愛穩定與對現況的容忍，在企業界也是如此。公司的高階主管比較喜歡保持現狀，表現成熟與實際，而且經常表現在其可靠與可預期結果的事情上。只有在情況壞到失控時，才會從根本上做改變。

創新的驅動力來自於經理人願意去冒險，但實際上，在企業界卻不然，一些演講和企業高層的演說，都鼓勵大家要勇往直前、勇於嘗試，但是卻沒有任何一個機制去懲罰那些不去嘗試風險的人，反倒經常去懲罰那些敢於冒險的人。一些管理機制都只看重短期的業績和利潤，要求經理人要快速達到目標。

任何組織若想要持續推出改變賽局的創新，就得先教導員工如何以全新的眼光看待世界。**在尚未成功之前，你的公司將充滿「創新的門外漢」，但只要你願意改變態度，門外漢終將成為「創新的達人」。**

國家圖書館預行編目資料

成功要變態：為什麼90%創業會失敗？／李文龍著
--初版.--臺北市：寶瓶文化，2013.06
面； 公分.--(Vision；109)
ISBN 978-986-5896-32-4（平裝）

1.創業 2.創造性思考

494.1 102010774

Vision 109

成功要變態——為什麼90%創業會失敗？

作者／李文龍

發行人／張寶琴
社長兼總編輯／朱亞君
主編／張純玲・簡伊玲
編輯／禹鐘月・賴逸娟
美術主編／林慧雯
校對／禹鐘月・陳佩伶・呂佳真・李文龍
企劃副理／蘇靜玲
業務經理／盧金城
財務主任／歐素琪 業務助理／林裕翔
出版者／寶瓶文化事業有限公司
地址／台北市110信義區基隆路一段180號8樓
電話／(02)27494988 傳真／(02)27495072
郵政劃撥／19446403 寶瓶文化事業有限公司
印刷廠／世和印製企業有限公司
總經銷／大和書報圖書股份有限公司 電話／(02)89902588
地址／台北縣五股工業區五工五路2號 傳真／(02)22997900
E-mail／aquarius@udngroup.com

法律顧問／理律法律事務所陳長文律師、蔣大中律師
如有破損或裝訂錯誤，請寄回本公司更換
著作完成日期／二〇一三年五月
初版一刷日期／二〇一三年六月
初版二刷日期／二〇一三年六月二十六日

ISBN／978-986-5896-32-4
定價／二八〇元

AQUARIUS 寶瓶 文化事業

愛書人卡

感謝您熱心的為我們填寫，
對您的意見，我們會認真的加以參考，
希望寶瓶文化推出的每一本書，都能得到您的肯定與永遠的支持。

系列：Vision109　　**書名：成功要變態——為什麼90%創業會失敗？**

1. 姓名：＿＿＿＿＿＿＿＿＿＿　性別：□男　□女
2. 生日：＿＿＿年＿＿＿月＿＿＿日
3. 教育程度：□大學以上　□大學　□專科　□高中、高職　□高中職以下
4. 職業：＿＿＿＿＿＿＿＿＿
5. 聯絡地址：＿＿＿＿＿＿＿＿＿＿＿＿＿＿＿＿＿＿＿＿＿＿＿＿＿

   聯絡電話：＿＿＿＿＿＿＿＿＿＿　手機：＿＿＿＿＿＿＿＿＿＿
6. E-mail信箱：＿＿＿＿＿＿＿＿＿＿＿＿＿＿＿＿＿＿＿＿

   □同意　□不同意　免費獲得寶瓶文化叢書訊息
7. 購買日期：＿＿＿年＿＿＿月＿＿＿日
8. 您得知本書的管道：□報紙／雜誌　□電視／電台　□親友介紹　□逛書店　□網路

   □傳單／海報　□廣告　□其他
9. 您在哪裡買到本書：□書店，店名＿＿＿＿＿＿　□劃撥　□現場活動　□贈書

   □網路購書，網站名稱：＿＿＿＿＿＿＿＿　□其他＿＿＿＿＿＿
10. 對本書的建議：（請填代號　1. 滿意　2. 尚可　3. 再改進，請提供意見）

    內容：＿＿＿＿＿＿＿＿＿＿＿＿＿＿＿

    封面：＿＿＿＿＿＿＿＿＿＿＿＿＿＿＿

    編排：＿＿＿＿＿＿＿＿＿＿＿＿＿＿＿

    其他：＿＿＿＿＿＿＿＿＿＿＿＿＿＿＿

    綜合意見：＿＿＿＿＿＿＿＿＿＿＿＿＿＿＿＿＿＿＿＿＿＿＿＿＿＿＿＿＿
11. 希望我們未來出版哪一類的書籍：＿＿＿＿＿＿＿＿＿＿＿＿＿＿＿＿＿＿＿＿

讓文字與書寫的聲音大鳴大放

寶瓶文化事業有限公司

（請沿此虛線剪下）

廣　告　回　函
北區郵政管理局登記
證北台字15345號
免貼郵票

寶瓶文化事業有限公司　收

110台北市信義區基隆路一段180號8樓

8F,180 KEELUNG RD.,SEC.1,

TAIPEI.(110)TAIWAN R.O.C.

（請沿虛線對折後寄回，謝謝）